劉邵希

黃涒馨

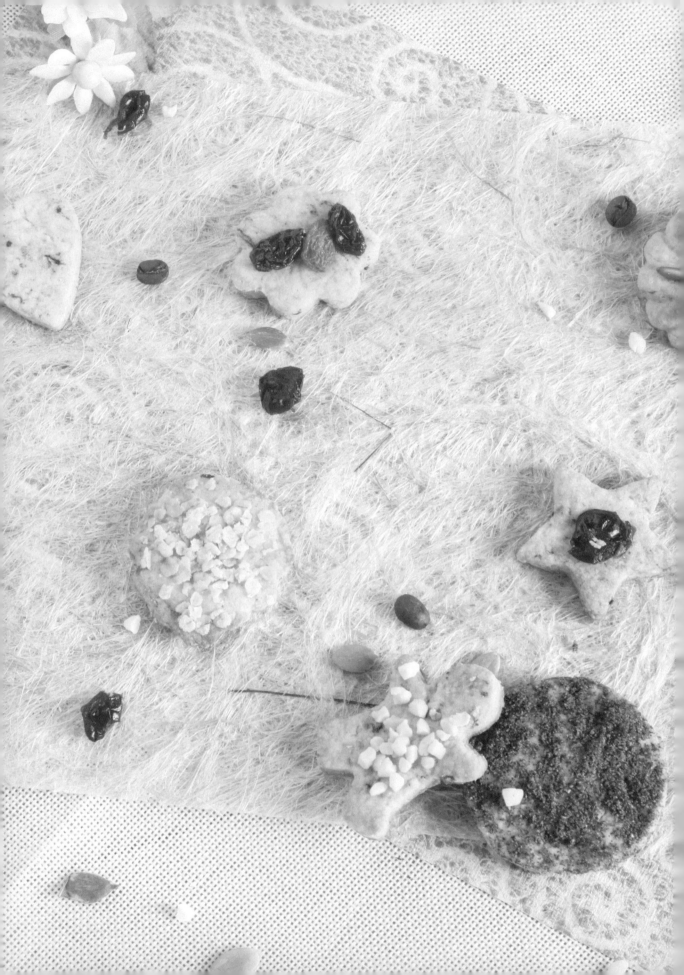

減醣高蛋白
手工烘焙點心

黃淑馨
劉郁玟　著

愛吃甜點又怕胖的福音

　　唯一一本手工烘焙點心考慮其低熱量及營養均衡的口味，讓愛好甜點者不怕胖又可滿足其口慾。

　　精心製作每種不同的口味，滿足每一位喜愛甜點的味蕾！多種口味搭配，做出與眾不同的獨家口味、最貼心的手感烘焙，打造獨一無二的營養均衡滋味。

　　所使用的營養蛋白混合飲料是減醣、高蛋白、低脂、低熱量、高纖維、高營養，營養又均衡，作者考慮到很多愛吃甜點者的心聲，特別創新設計此類手工餅乾，愛饕者不用擔心其熱量會超過，已逐一呈現各種點心的熱量。

黃淑馨　劉郁妏

楊醫師推薦

　　我最喜歡飯後來點甜點，以滿足自己的味蕾，才感覺有飽足感，但年紀漸長，為了健康及遠離慢性病，正苦思若有一種甜點吃了又不怕胖的點心，不知該有多好。

　　適逢作者已看到目前市面上所販售的各式各樣點心餅乾，大部份都屬於高熱量高糖份的點心，為了滿足慢性病如糖尿病個案也可放心品嚐，故精心規劃低熱量高營養的手工烘焙點心以滿足每一個人味蕾。

楊望君

最貼心的手感烘焙，打造營養均衡滋味

本書示範的手工烘焙點心，作者以低熱量、健康、營養為設計理念，讓喜歡吃甜點的人既可以滿足口腹之欲，又不用擔心發胖。

精心製作不同口味，滿足每一位甜點愛好者的味蕾！以多種食材搭配「營養蛋白混合飲料」，混搭出獨一無二的絕妙滋味；本書所使用的「營養蛋白混合飲料」優點多多，不僅低脂、低熱量、高纖維，而且營養均衡，作者獨家設計各種手工餅乾食譜，逐一標示出熱量，讓您吃得更放心。

營養蛋白混合飲料產品特色

結合高品質的大豆蛋白、碳水化合物、健康脂肪、維生素、礦物質和草本精華，提供每個人最佳健康狀態所需的養份。

1. 優質蛋白來源是 PDCAAS，它被評定為非基因改造大豆蛋白。

2. 補充人體必須的 21 種維生素與礦物質，讓身體保持最佳狀態。

3. 豐富的膳食纖維可增加飽足感與促進腸胃蠕動。

4. 低卡低脂、零膽固醇、高纖是維持健康體態的聰明選擇。

奶酥

營養蛋白混合
草莓口味

營養蛋白混合
薄荷巧克力口味

營養蛋白混合
巧克力口味

營養蛋白混合
巧餅口味

營養蛋白混合
香草口味

奶酥
01 香草奶酥餅乾

約 **20** 片

烤焙條件
整型方式：擠花
烘焙溫度：上火 150°C / 下火 150°C
烘焙時間：15-18 分鐘

每份熱量 ▶ 5 片餅乾大約 **160** 卡

低卡的營養與口感比市售的餅乾含糖量更低，營養價值更高

〔材料〕

❶ 無鹽奶油 ...80g

❷ 糖粉 ...60g

❸ 全蛋 ...50g

❹ 低筋麵粉 ...80g

❺ 營養蛋白混合香草口味 ...35g

〔作法〕

1. 烤箱以上火 150°C / 下火 150°C 預熱。

2. 低筋麵粉和營養蛋白混合香草口味過篩。

3. 無鹽奶油置室溫下軟化。

4. 軟化的無鹽奶油和糖粉先以刮刀拌合（圖 1、2），再以電動攪拌器高速攪拌至糖粉溶化（圖 3）。

5. 全蛋分次加入（圖 4、5），打至顏色變淡且膨鬆的奶油糊（圖 6）。

6. 加入過篩的粉類（作法 2），用刮刀以不規則的方向拌勻（圖 7）。

7. 擠花袋裝入喜歡的花嘴形狀，將麵糊倒入。

8. 在烤盤上擠出約直徑 4cm 大小的麵糊（圖 8）。

9. 放入烤箱，烤約 10 分鐘定型後，調頭續烤 5 ～ 8 分鐘。

10. 出爐後放涼，即可包裝。

草莓奶酥餅乾

約 **20** 片

每份熱量 ▶ 5 片餅乾大約 **160** 卡

低卡的營養與口感比市售的餅乾含糖量更低，營養價值更高

{材料}

❶ 無鹽奶油 ...80g

❷ 糖粉 ...60g

❸ 全蛋 ...50g

❹ 低筋麵粉 ...80g

❺ 營養蛋白混合草莓口味 ...35g

{裝飾}

草莓乾 ... 適量

{作法}

1. 烤箱以上火 150°C / 下火 150°C 預熱。

2. 低筋麵粉和營養蛋白混合草莓口味過篩。

3. 無鹽奶油置室溫下軟化。

4. 軟化的無鹽奶油和糖粉先以刮刀拌合（圖1、2），再以電動攪拌器高速攪拌至糖粉溶化（圖3）。

5. 全蛋分次加入（圖4、5），打至顏色變淡且膨鬆的奶油糊（圖6）。

6. 加入過篩的粉類（作法2），用刮刀以不規則的方向拌勻（圖7）。

7. 擠花袋裝入喜歡的花嘴形狀，將麵糊倒入。

8. 在烤盤上擠出約直徑 4cm 大小的麵糊（圖8）。

9. 在擠好的麵糊上放上草莓乾做裝飾（圖9）。

10. 放入烤箱，烤約 10 分鐘定型後，調頭續烤 5 ～ 8 分鐘。

11. 出爐後放涼，即可包裝。

巧餅奶酥餅乾

約 **20** 片

每份熱量 ▶ 5 片餅乾大約 **165** 卡

低卡的營養與口感比市售的餅乾含糖量更低，營養價值更高

{材料}

❶ 無鹽奶油 ...80g

❷ 糖粉 ...60g

❸ 全蛋 ...50g

❹ 低筋麵粉 ...80g

❺ 營養蛋白混合巧餅口味 ...25g

{作法}

1. 烤箱以上火 150°C / 下火 150°C 預熱。

2. 低筋麵粉和營養蛋白混合巧餅口味過篩。

3. 無鹽奶油置室溫下軟化。

4. 軟化的無鹽奶油和糖粉先以刮刀拌合（圖1、2），再以電動攪拌器高速攪拌至糖粉溶化（圖3）。

5. 全蛋分次加入（圖4、5），打至顏色變淡且膨鬆的奶油糊（圖6）。

6. 加入過篩的粉類（作法2），用刮刀以不規則的方向拌勻（圖7）。

7. 擠花袋裝入喜歡的花嘴形狀，將麵糊倒入。

8. 在烤盤上擠出約直徑 4cm 大小的麵糊（圖8）。

9. 放入烤箱，烤約 10 分鐘定型後，調頭續烤 5 ～ 8 分鐘。

10. 出爐後放涼，即可包裝。

奶酥
04 巧克力奶酥餅乾
約 **20** 片

烤焙條件
整型方式：擠花
烘焙溫度：上火 150°C / 下火 150°C
烘焙時間：15-18 分鐘

每份熱量 ▸▸ 5 片餅乾大約 **160** 卡

低卡的營養與口感比市售的餅乾含糖量更低，營養價值更高

{材料}

❶ 無鹽奶油 ...80g

❷ 糖粉 ...60g

❸ 全蛋 ...50g

❹ 低筋麵粉 ...80g

❺ 營養蛋白混合巧克力口味 ...35g

{作法}

1. 烤箱以上火 150°C／下火 150°C 預熱。
2. 低筋麵粉和營養蛋白混合巧克力口味過篩。
3. 無鹽奶油置室溫下軟化。
4. 軟化的無鹽奶油和糖粉先以刮刀拌合（圖 1、2），再以電動攪拌器高速攪拌至糖粉溶化（圖 3）。
5. 全蛋分次加入（圖 4、5），打至顏色變淡且膨鬆的奶油糊（圖 6）。
6. 加入過篩的粉類（作法 2），用刮刀以不規則的方向拌勻。
7. 擠花袋裝入喜歡的花嘴形狀，將麵糊倒入（圖 7）。
8. 在烤盤上擠出約直徑 4cm 大小的麵糊（圖 8、9）。
9. 放入烤箱，烤約 10 分鐘定型後，調頭續烤 5 ～ 8 分鐘。
10. 出爐後放涼，即可包裝。

薄荷巧克力
奶酥餅乾 約 *20* 片

烤焙條件
整型方式：擠花
烘焙溫度：上火 150°C / 下火 150°C
烘焙時間：15-18 分鐘

每份熱量 ▸▸ 5 片餅乾大約 *165* 卡

低卡的營養與口感比市售的餅乾含糖量更低，營養價值更高

{材料}

❶ 無鹽奶油 ...80g

❷ 糖粉 ...60g

❸ 全蛋 ...50g

❹ 低筋麵粉 ...80g

❺ 營養蛋白混合薄荷巧克力口味 ...35g

{裝飾}

藍莓乾 ... 適量

{作法}

1. 烤箱以上火 150°C / 下火 150°C 預熱。

2. 低筋麵粉和營養蛋白混合薄荷巧克力口味過篩。

3. 無鹽奶油置室溫下軟化。

4. 軟化的無鹽奶油和糖粉先以刮刀拌合（圖 1、2），再以電動攪拌器高速攪拌至糖粉溶化（圖 3）。

5. 全蛋分次加入（圖 4、5）打至顏色變淡且膨鬆的奶油糊（圖 6）。

6. 加入過篩的粉類（作法 2），用刮刀以不規則的方向拌勻。

7. 擠花袋裝入喜歡的花嘴形狀，將麵糊倒入。

8. 在烤盤上擠出約直徑 4cm 大小的麵糊，放上藍莓乾做裝飾（圖 7）。

9. 放入烤箱，烤約 10 分鐘定型後，調頭續烤 5 ～ 8 分鐘。

10. 出爐後放涼（圖 8），即可包裝。

英式鬆餅

香草英式鬆餅
草莓英式鬆餅
巧餅英式鬆餅
巧克力英式鬆餅
薄荷巧克力英式鬆餅

香草英式鬆餅

約 **6** 個

24

每份熱量 ▸▸ 一份鬆餅大約 **247** 卡

低卡的營養與口感比市售的鬆餅含糖量更低，營養價值更高

〔材料〕

❶ 無鹽奶油 ...60g

❷ 二砂糖 ...25g

❸ 全蛋 ...50g

❹ 牛奶 ...60g

❺ 營養蛋白混合香草口味 ...75g

❻ 中筋麵粉 ...130g

❼ 鹽 ...2g

❽ 酵母粉 ...4g

〔裝飾〕

全蛋液 ... 少許

〔作法〕

1. 烤箱以上火 180℃ / 下火 180℃ 預熱。

2. 將所有材料秤好放入冷凍一晚備用（牛奶和蛋除外）。

3. 牛奶和蛋先混合備用（圖1、2）。

4. 無鹽奶油切小塊備用。

5. 將所有粉類（材料 5 ～ 8）材料及二砂糖放在揉麵板上（圖3、4），加入無鹽奶油（圖5），用手以捏合的方式搓成小粉粒狀（圖6）。

6. 將牛奶和蛋加入粉類中（圖7），揉成麵糰至表面光滑（圖8）。

7. 將揉好的麵糰放入冷凍 30 分鐘。

8. 麵糰取出後，桿平摺疊 3x3（圖9），用刀子切割成喜歡的大小（圖10），排入烤盤，發酵至二倍大後，表面刷上蛋液（圖11），即可入爐烘烤。

9. 放入烤箱烤約 12 分鐘定型後，調頭續烤 5 分鐘至表面上色。

草莓英式鬆餅

約 **6** 個

每份熱量 ▶ 一份鬆餅大約 **247** 卡

低卡的營養與口感比市售的鬆餅含糖量更低，營養價值更高

{材料}

❶ 無鹽奶油 ...60g
❷ 二砂糖 ...25g
❸ 全蛋 ...50g
❹ 牛奶 ...60g
❺ 營養蛋白混合
　草莓口味 ...75g

❻ 中筋麵粉 ...130g
❼ 鹽 ...2g
❽ 酵母粉 ...4g

{裝飾}
全蛋液 ... 少許

{作法}

1. 烤箱以上火 180°C / 下火 180°C 預熱。
2. 將所有材料秤好放入冷凍一晚備用 (牛奶和蛋除外) 。
3. 牛奶和蛋先混合備用 (圖 1、2) 。
4. 無鹽奶油切小塊備用。
5. 將粉類 (材料 6 ~ 8) 材料及二砂糖放在揉麵板上 (圖 3、4) ，加入無鹽奶油 (圖 5) ，用手以捏合的方式搓成小粉粒狀 (圖 6) 。
6. 加入牛奶和蛋揉成麵糰 (圖 7、8) ，再加入材料 5 揉至表面光滑 (圖 9) 。
7. 將揉好的麵糰放入冷凍 30 分鐘。
8. 麵糰取出後，桿平摺疊 3x3，用刀子切割成喜歡的大小，再用喜歡的模型壓模 (圖 10) ，排入烤盤，發酵至二倍大後，表面刷上蛋液，即可入爐烘烤
9. 放入烤箱烤約 12 分鐘定型後，調頭續烤 5 分鐘至表面上色。

巧餅英式鬆餅

約 **6** 個

每份熱量 ▶▶ 一份鬆餅大約 **250** 卡

低卡的營養與口感比市售的鬆餅含糖量更低，營養價值更高

{材料}

❶ 無鹽奶油 ...60g
❷ 二砂糖 ...25g
❸ 全蛋 ...50g
❹ 牛奶 ...60g
❺ 營養蛋白混合巧餅
口味 ...60g

❻ 中筋麵粉 ...140g
❼ 鹽 ...2g
❽ 酵母粉 ...4g

{裝飾}

全蛋液 ... 少許

{作法}

1. 烤箱以上火 180°C / 下火 180°C 預熱。
2. 將所有材料秤好放入冷凍一晚備用（牛奶和蛋除外）。
3. 牛奶和蛋先混合備用（圖 1、2）。
4. 無鹽奶油切小塊備用。
5. 將粉類（材料 6 ～ 8）及二砂糖放在揉麵板上（圖 3、4），加入無鹽奶油（圖 5），用手以捏合的方式搓成小粉粒狀（圖 6）。
6. 加入牛奶和蛋揉成麵糰（圖 7、8），再加入材料 5 揉至表面光滑（圖 9）。
7. 將揉好的麵糰放入冷凍 30 分鐘。
8. 麵糰取出後，桿平摺疊 3x3（圖 10、11），用刀子切割成喜歡的大小（圖 12），排入烤盤，發酵至二倍大後，表面刷上蛋液，即可入爐烘烤。
9. 放入烤箱烤約 12 分鐘定型後，調頭續烤 5 分鐘至表面上色。

巧克力英式鬆餅

每份熱量 ▶ 一份鬆餅大約 **247** 卡

低卡的營養與口感比市售的鬆餅含糖量更低，營養價值更高

〔材料〕

❶ 無鹽奶油 ...60g
❷ 二砂糖 ...25g
❸ 全蛋 ...50g
❹ 牛奶 ...60g
❺ 營養蛋白混合巧克
　力口味 ...75g

❻ 中筋麵粉 ...130g
❼ 鹽 ...2g
❽ 酵母粉 ...4g

〔裝飾〕

全蛋液 ... 少許

〔作法〕

1. 烤箱以上火 180°C / 下火 180°C 預熱。
2. 將所有材料秤好放入冷凍一晚備用（牛奶和蛋除外）。
3. 牛奶和蛋先混合備用（圖 1、2）。
4. 無鹽奶油切小塊備用。
5. 將粉類（材料 6 ～ 8）及二砂糖放在揉麵板上（圖 3、4），加入無鹽奶油（圖 5），用手以捏合的方式搓成小粉粒狀（圖 6）。
6. 加入牛奶和蛋揉成麵糰（圖 7、8），再加入材料 5 揉至表面光滑（圖 9）。
7. 將揉好的麵糰放入冷凍 30 分鐘。
8. 麵糰取出後，桿平摺疊 3x3（圖 10、11），用喜歡的模型壓模（圖 12），排入烤盤，發酵至二倍大後，表面刷上蛋液，即可入爐烘烤。
9. 放入烤箱烤約 12 分鐘定型後，調頭續烤 5 分鐘至表面上色。

薄荷巧克力英式鬆餅 約 **6** 個

每份熱量 ▶▶ 一份鬆餅大約 **248** 卡

低卡的營養與口感比市售的鬆餅含糖量更低，營養價值更高

{材料}

❶ 無鹽奶油 ...60g

❷ 二砂糖 ...25g

❸ 全蛋 ...50g

❹ 牛奶 ...60g

❺ 營養蛋白混合薄荷巧克力
　口味 ...60g

❻ 中筋麵粉 140g

❼ 鹽 ...2g

❽ 酵母粉 ...4g

{裝飾}

全蛋液 ... 少許

{作法}

1. 烤箱以上火 180°C / 下火 180°C 預熱。

2. 將所有材料秤好放入冷凍一晚備用（牛奶和蛋除外）。

3. 牛奶和蛋先混合備用（圖 1、2）。

4. 無鹽奶油切小塊備用。

5. 將粉類（材料 6～8）材料及二砂糖放在揉麵板上（圖 3、4），加入無鹽奶油（圖 5），用手以捏合的方式搓成小粉粒狀（圖 6）。

6. 加入牛奶和蛋揉成麵糰（圖 7、8），再加入材料 5 揉至表面光滑（圖 9）。

7. 將揉好的麵糰放入冷凍 30 分鐘。

8. 麵糰取出後，桿平摺疊 3x3，用刀子切割成喜歡的大小（圖 10），排入烤盤，發酵至二倍大後，表面刷上蛋液，即可入爐烘烤。

9. 放入烤箱烤約 12 分鐘定型後，調頭續烤 5 分鐘至表面上色。

杯子蛋糕

杯子蛋糕
– 香草口味　　可做 **6** 個

每份熱量 ▸▸ 6 個杯子蛋糕大約 **487** 卡，平均 1 個約 **81** 卡
低卡的營養與口感比市售的杯子蛋糕含糖量更低，營養價值更高

{材料}

❶ 全蛋（室溫）...100g

❷ 細砂糖 ...30g

❸ 低筋麵粉 ...30g

❹ 營養蛋白混合香草口味 ...15g

❺ 發酵奶油 ...15g

{作法}

1. 烤箱以上火 180°C / 下火 180°C 預熱。

2. 在鋼盆中將蛋打散，加入細砂糖（圖 1），隔熱水用電動攪拌器拌均勻，
   溫度加熱至 35°C，移開熱水。

3. 繼續以高速打發至有深紋路為止（圖 2、3）。

4. 低筋麵粉和營養蛋白混合飲料香草口味過篩加入（圖 4、5）。

5. 利用橡皮刮刀切拌混合，再由下往上翻拌至看不到乾粉。

6. 奶油隔水溶化後慢慢加入攪拌（圖 6），拌勻後劃圓略拌。

7. 在杯子矽膠模中倒入麵糊約 9 分滿（圖 7）。

8. 放入烤箱，烤約 10 ～ 13 分鐘即可完成。

※ 可在作法 3 加入檸檬汁，穩定蛋白。

※ 最後可撒上藍莓乾裝飾。

杯子蛋糕
– 草莓口味
可做 **6** 個

每份熱量 ▶▶ 6 個杯子蛋糕大約 **487** 卡，平均 1 個約 **81** 卡
低卡的營養與口感比市售的杯子蛋糕含糖量更低，營養價值更高

{材料}

❶ 全蛋（室溫）...100g

❷ 細砂糖 ...30g

❸ 低筋麵粉 ...30g

❹ 營養蛋白混合飲料草莓口味 ...15g

❺ 發酵奶油 ...15g

{作法}

1. 烤箱以上火 180℃ / 下火 180℃ 預熱。

2. 在鋼盆中將蛋打散，加入細砂糖（圖 1），隔熱水用電動攪拌器拌均勻，
   溫度加熱至 35℃，移開熱水。

3. 繼續以高速打發至有深紋路為止（圖 2、3）。

4. 低筋麵粉和營養蛋白混合飲料草莓口味過篩加入（圖 4、5）。

5. 利用橡皮刮刀切拌混合，再由下往上翻拌至看不到乾粉。

6. 奶油隔水溶化後慢慢加入攪拌，拌勻後劃圓略拌。

7. 在杯子矽膠模中倒入麵糊約 9 分滿（圖 6）。

8. 放入烤箱，烤約 10 ～ 13 分鐘即可完成。

※ 可在作法 3 加入檸檬汁，穩定蛋白。

※ 最後可撒上草莓乾裝飾。

杯子蛋糕
– 巧餅口味

可做 **6** 個

每份熱量 ▶ 6 個杯子蛋糕大約 **503** 卡，平均 1 個約 **84** 卡

低卡的營養與口感比市售的杯子蛋糕含糖量更低，營養價值更高

{材料}

❶ 全蛋（室溫）...100g

❷ 細砂糖 ...30g

❸ 低筋麵粉 ...30g

❹ 營養蛋白混合飲料巧餅口味 ...15g

❺ 發酵奶油 ...15g

{作法}

1. 烤箱以上火 180°C / 下火 180°C 預熱。

2. 在鋼盆中將蛋打散，加入細砂糖（圖1），隔熱水用電動攪拌器拌均勻，溫度加熱至 35°C，移開熱水。

3. 繼續以高速打發至有深紋路為止（圖2、3）。

4. 低筋麵粉和營養蛋白混合飲料巧餅口味過篩加入（圖4、5）。

5. 利用橡皮刮刀切拌混合，再由下往上翻拌至看不到乾粉。

6. 奶油隔水溶化後慢慢加入攪拌，拌勻後劃圓略拌。

7. 在杯子矽膠模中倒入麵糊約 9 分滿。

8. 放入烤箱，烤約 10 ～ 13 分鐘即可完成。

※ 可在作法 3 加入檸檬汁，穩定蛋白。

※ 最後可撒上南瓜子裝飾。

1

2

3

4

5

杯子蛋糕
– 巧克力口味 可做 **6** 個

每份熱量 ▶ 6 個杯子蛋糕大約 **487** 卡，平均 1 個約 **81** 卡

低卡的營養與口感比市售的杯子蛋糕含糖量更低，營養價值更高

{材料}

❶ 全蛋（室溫）...100g

❷ 細砂糖 ...30g

❸ 低筋麵粉 ...30g

❹ 營養蛋白混合飲料巧克力口味 ...15g

❺ 發酵奶油 ...15g

{作法}

1. 烤箱以上火 180°C / 下火 180°C 預熱。

2. 在鋼盆中將蛋打散，加入細砂糖（圖 1），隔熱水用電動攪拌器拌均勻，
   溫度加熱至 35°C，移開熱水。

3. 繼續以高速打發至有深紋路為止（圖 2、3）。

4. 低筋麵粉和營養蛋白混合飲料巧克力口味過篩加入（圖 4、5）。

5. 利用橡皮刮刀切拌混合，再由下往上翻拌至看不到乾粉。

6. 奶油隔水溶化後慢慢加入攪拌，拌勻後劃圓略拌。

7. 在杯子矽膠模中倒入麵糊約 9 分滿。

8. 放入烤箱，烤約 10 ～ 13 分鐘即可完成。

※ 可在作法 3 加入檸檬汁，穩定蛋白。

※ 最後可撒上杏仁角裝飾。

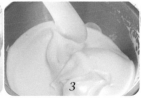

杯子蛋糕 可做 **6** 個
– 薄荷巧克力口味

烤焙條件

烘焙溫度：上火 180°C / 下火 180°C
烘焙時間：10-13 分鐘

44

每份熱量 ▸▸ 6 個杯子蛋糕大約 **488** 卡，平均 1 個約 **81** 卡

低卡的營養與口感比市售的杯子蛋糕含糖量更低，營養價值更高

{材料}

❶ 全蛋（室溫）...100g

❷ 細砂糖 ...30g

❸ 低筋麵粉 ...30g

❹ 營養蛋白混合飲料薄荷巧克力
　口味 ...15g

❺ 發酵奶油 ...15g

{作法}

1. 烤箱以上火 180°C / 下火 180°C 預熱。

2. 在鋼盆中將蛋打散，加入細砂糖（圖 1），隔熱水用電動攪拌器拌均勻，溫度加
　熱至 35°C，移開熱水。

3. 繼續以高速打發至有深紋路為止（圖 2、3）。

4. 低筋麵粉和營養蛋白混合飲料薄荷巧克力口味過篩加入（圖 4、5）。

5. 利用橡皮刮刀切拌混合，再由下往上翻拌至看不到乾粉。

6. 奶油隔水溶化後慢慢加入攪拌，拌勻後劃圓略拌。

7. 在杯子矽膠模中倒入麵糊約 9 分滿。

8. 放入烤箱，烤約 10 ～ 13 分鐘即可完成。

※ 可在作法 3 加入檸檬汁，穩定蛋白。

※ 最後可撒上七彩米裝飾。

1

2

3

4

5

瑪德蓮

香草檸檬瑪德蓮
草莓瑪德蓮
巧餅瑪德蓮
巧克力瑪德蓮
薄荷巧克力瑪德蓮

香草檸檬瑪德蓮

約 **15** 個

烤焙條件

整型方式：貝殼烤模
預熱溫度：上火 200°C / 下火 200°C
烘焙溫度：上火 200°C / 下火 200°C
　　　　　上火 180°C / 下火 180°C
烘焙時間：5 分鐘，5 分鐘

每份熱量 ▶▶ 5 片瑪德蓮大約 **150** 卡

低卡的營養與口感比市售的瑪德蓮含糖量更低，營養價值更高

❶ 發酵奶油 ...125g

❷ 二砂糖 ...80g

❸ 全蛋 ...150g

❹ 低筋麵粉 ...100g

❺ 營養蛋白混合香草口味 ...40g

❻ 無鋁泡打粉 ...5g

❼ 牛奶 ...15g

❽ 鹽 ...2g

❾ 檸檬汁 ...15cc

{作法}

1. 烤箱以上火 200°C / 下火 200°C 預熱。

2. 低筋麵粉、營養蛋白混合香草口味、泡打粉過篩。

3. 無鹽奶油置室溫下軟化。

4. 軟化的發酵奶油以電動攪拌器高速打發，備用。

5. 取一容器，放入二砂糖、鹽、牛奶、全蛋拌勻。

6. 加入檸檬汁，再加入過篩的粉類（作法 2）拌勻（圖 1）。

7. 最後拌入打發的無鹽奶油混合均勻，靜置 30 分鐘。

8. 烤模塗上奶油。

9. 將麵糊用湯匙舀入模中約 9 分滿（圖 2）。

10. 放入烤箱，烤溫降至上火 200°C / 下火 200°C，烤約 5 分鐘定型後調頭，溫度改為上火 180°C / 下火 180°C，續烤 5 分鐘。

11. 出爐後倒扣放涼，即可包裝。

1

2

草莓瑪德蓮

約 **15** 個

烤焙條件

整型方式：貝殼烤模
預熱溫度：上火 200°C / 下火 200°C
烘焙溫度：上火 200°C / 下火 200°C
　　　　　上火 180°C / 下火 180°C
烘焙時間：5 分鐘，5 分鐘

每份熱量 ▶ 5 片瑪德蓮大約 **150** 卡

低卡的營養與口感比市售的瑪德蓮含糖量更低，營養價值更高

{材料}

❶ 發酵奶油 ...125g

❷ 二砂糖 ...80g

❸ 全蛋 ...150g

❹ 低筋麵粉 ...100g

❺ 營養蛋白混合草莓
　口味 ...40g

❻ 無鋁泡打粉 ...5g

❼ 牛奶 ...15g

❽ 鹽 ...2g

{作法}

1. 烤箱以上火 200°C / 下火 200°C 預熱。

2. 低筋麵粉、營養蛋白混合草莓口味、泡打粉過篩。

3. 無鹽奶油置室溫下軟化。

4. 軟化的發酵奶油以電動攪拌器高速打發，備用。

5. 取一容器，放入二砂糖、鹽、牛奶、全蛋拌勻。

6. 加入過篩的粉類（作法 2）拌勻（圖 1）。

7. 最後拌入打發的無鹽奶油混合均勻，靜置 30 分鐘。

8. 烤模塗上奶油。

9. 將麵糊用湯匙舀入模中約 9 分滿（圖 2）。

10. 放入烤箱，烤溫降至上火 200°C / 下火 200°C，烤約 5 分鐘定型後調頭，溫度改為上火 180°C / 下火 180°C，續烤 5 分鐘。

11. 出爐後倒扣放涼，即可包裝。

巧餅瑪德蓮

約 **15** 個

烤焙條件

整型方式：貝殼烤模
預熱溫度：上火 200°C / 下火 200°C
烘焙溫度：上火 200°C / 下火 200°C
　　　　　上火 180°C / 下火 180°C
烘焙時間：5 分鐘，5 分鐘

每份熱量 ▶ 5 片瑪德蓮大約 **155** 卡

低卡的營養與口感比市售的瑪德蓮含糖量更低，營養價值更高

〔材料〕

❶ 發酵奶油 ...125g

❷ 二砂糖 ...80g

❸ 全蛋 ...150g

❹ 低筋麵粉 ...100g

❺ 營養蛋白混合巧餅
　口味 ...40g

❻ 無鋁泡打粉 ...5g

❼ 牛奶 ...15g

❽ 鹽 ...2g

〔作法〕

1. 烤箱以上火 200°C / 下火 200°C 預熱。

2. 低筋麵粉和營養蛋白混合巧餅口味過篩。

3. 無鹽奶油置室溫下軟化。

4. 軟化的發酵奶油以電動攪拌器高速打發，備用。

5. 取一容器，放入二砂糖、鹽、牛奶、全蛋拌勻。

6. 加入過篩的粉類（作法 2）拌勻（圖 1）。

7. 最後拌入打發的無鹽奶油混合均勻，靜置 30 分鐘。

8. 烤模塗上奶油。

9. 將麵糊用湯匙舀入模中約 9 分滿（圖 2）。

10. 放入烤箱，烤溫降至上火 200°C / 下火 200°C，烤約 5 分
　　鐘定型後調頭，溫度改為上火 180°C / 下火 180°C，續烤 5
　　分鐘。

11. 出爐後倒扣放涼，即可包裝。

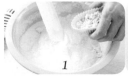

瑪德蓮

19

巧克力瑪德蓮

約 **15** 個

烤焙條件

整型方式：貝殼烤模
預熱溫度：上火 200°C / 下火 200°C
烘焙溫度：上火 200°C / 下火 200°C
　　　　　上火 180°C / 下火 180°C
烘焙時間：5 分鐘，5 分鐘

每份熱量 ▸▸ 5 片瑪德蓮大約 **150** 卡

低卡的營養與口感比市售的瑪德蓮含糖量更低，營養價值更高

瑪德蓮

52

巧克力瑪德蓮

〔材料〕

❶ 發酵奶油 ...125g

❷ 二砂糖 ...80g

❸ 全蛋 ...150g

❹ 低筋麵粉 ...100g

❺ 營養蛋白混合巧克
　力口味 ...40g

❻ 無鋁泡打粉 ...5g

❼ 牛奶 ...15g

❽ 鹽 ...2g

〔作法〕

1. 烤箱以上火 200°C / 下火 200°C 預熱。

2. 低筋麵粉、營養蛋白混合巧克力口味、泡打粉過篩。

3. 無鹽奶油置室溫下軟化。

4. 軟化的發酵奶油以電動攪拌器高速打發，備用。

5. 取一容器，放入二砂糖、鹽、牛奶、全蛋拌勻。

6. 加入過篩的粉類（作法 2）拌勻（圖 1）。

7. 最後拌入打發的無鹽奶油混合均勻，靜置 30 分鐘。

8. 烤模塗上奶油。

9. 將麵糊用湯匙舀入模中約 9 分滿（圖 2）。

10. 放入烤箱，烤溫降至上火 200°C / 下火 200°C，烤約 5 分鐘定型後調頭，溫度改為上火 180°C / 下火 180°C，續烤 5 分鐘。

11. 出爐後倒扣放涼，即可包裝。

薄荷巧克力瑪德蓮 約 *15* 個

〔烤焙條件〕
整型方式：貝殼烤模
預熱溫度：上火 200°C / 下火 200°C
烘焙溫度：上火 200°C / 下火 200°C
　　　　　上火 180°C / 下火 180°C
烘焙時間：5 分鐘，5 分鐘

每份熱量 ▸▸ 5 片瑪德蓮大約 *155* 卡

低卡的營養與口感比市售的瑪德蓮含糖量更低，營養價值更高

〔材料〕

❶ 發酵奶油 ...125g
❷ 二砂糖 ...80g
❸ 全蛋 ...150g
❹ 低筋麵粉 ...100g
❺ 營養蛋白混合薄荷
　 巧克力口味 ...40g
❻ 無鋁泡打粉 ...5g
❼ 牛奶 ...15g
❽ 鹽 ...2g

〔作法〕

1. 烤箱以上火 200°C / 下火 200°C 預熱。
2. 低筋麵粉、營養蛋白混合薄荷巧克力口味、泡打粉過篩。
3. 無鹽奶油置室溫下軟化。
4. 軟化的發酵奶油以電動攪拌器高速打發，備用。
5. 取一容器，放入二砂糖、鹽、牛奶、全蛋拌勻。
6. 加入過篩的粉類（作法 2）拌勻（圖 1）。
7. 最後拌入打發的無鹽奶油混合均勻，靜置 30 分鐘。
8. 烤模塗上奶油。
9. 將麵糊用湯匙舀入模中約 9 分滿（圖 2）。
10. 放入烤箱，烤溫降至上火 200°C / 下火 200°C，烤約 5 分鐘定型後調頭，溫度改為上火 180°C / 下火 180°C，續烤 5 分鐘。
11. 出爐後倒扣放涼，即可包裝。

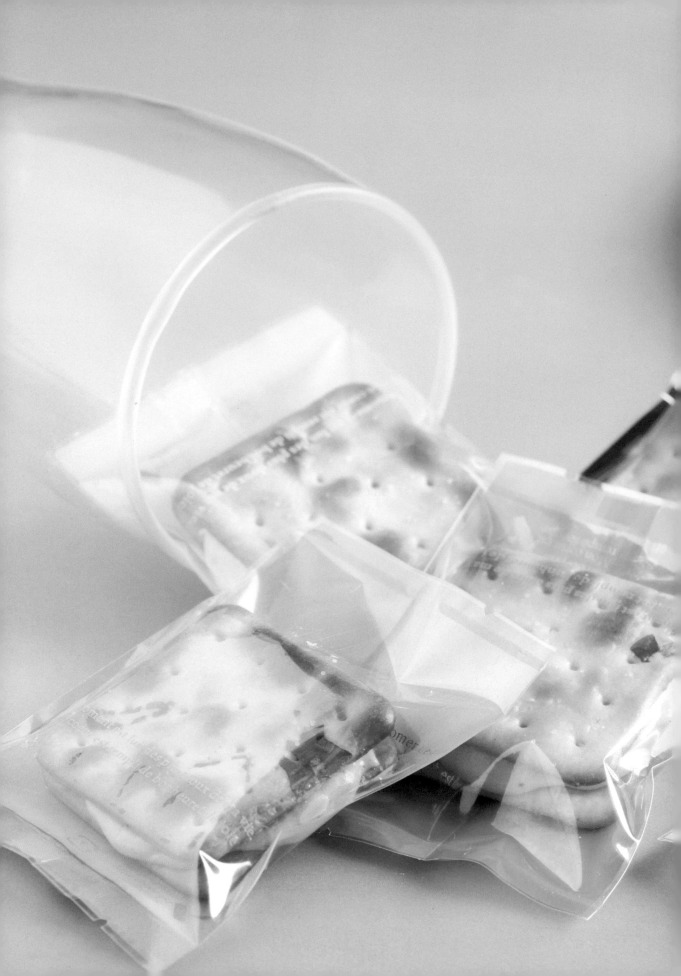

牛軋餅

香草牛軋糖夾心餅乾
草莓牛軋糖夾心餅乾
巧餅牛軋糖夾心餅乾
巧克力牛軋糖夾心餅乾
薄荷巧克力牛軋糖夾心餅乾

+

營養蛋白混合
草莓口味

營養蛋白混合
薄荷巧克力口味

營養蛋白混合
巧克力口味

營養蛋白混合
巧餅口味

營養蛋白混合
香草口味

香草牛軋糖夾心餅乾 約 *100* 份

蛋白霜作法

每份熱量 ▸▸ 5 片餅乾大約 *210* 卡

低卡的營養與口感比市售的牛軋餅含糖量更低，營養價值更高

糖漿煮法

〔材料〕

❶ 85% 水麥芽 ...600g

❷ 海藻糖 ...50g

❸ 發酵奶油 ...100g

❹ 蛋白粉 ...16g

❺ 二砂糖 ...40g

❻ 鹽 ...5g

❼ 水 ...44g

❽ 營養蛋白混合飲料香草口味 ...100g

＊ 蘇打餅乾 ...200 片

〔作法〕

▸▸ **蛋白霜作法**

水和二砂糖、鹽先攪拌，加入蛋白粉用電動攪拌器高速打發至有深紋路，備用。

▸▸ **糖漿煮法**

1. 將水麥芽倒入鍋中（圖 1），加入海藻糖開中小火拌勻後，煮至 122°C（夏天溫度 125 ～ 127°C）關火。

2. 發酵奶油切小塊，加入煮好的糖中，快速拌合（圖 2）。

3. 加入蛋白霜拌勻（圖 3）。

4. 加入營養蛋白混合飲料香草口味粉拌勻（圖 4）。

5. 室溫放至微涼，每份餅乾約放 8 ～ 10g 內餡，即可組合（圖 5）。

1

2

3

4

5

草莓牛軋糖夾心餅乾

約 *100* 份

每份熱量 ▶ 5 片餅乾大約 *220* 卡

低卡的營養與口感比市售的餅乾含糖量更低，營養價值更高

蛋白霜作法

{材料}

❶ 85% 水麥芽 ...600g

❷ 海藻糖 ...50g

❸ 發酵奶油 ...100g

❹ 蛋白粉 ...16g

❺ 二砂糖 ...40g

❻ 鹽 ...5g

❼ 水 ...44g

❽ 營養蛋白混合飲料草
　莓口味 ...100g

＊ 蘇打餅乾 ...200 片

糖漿煮法

{作法}

▸▸ 蛋白霜作法

水和二砂糖、鹽先攪拌，加入蛋白粉用電動攪拌器高速打發至有深
紋路，備用。

▸▸ 糖漿煮法

1. 將水麥芽倒入鍋中（圖 1），加入海藻糖開中小火拌勻後，煮至
   122°C（夏天溫度 125 ～ 127°C）關火。

2. 發酵奶油切小塊，加入煮好的糖中，快速拌合（圖 2）。

3. 加入蛋白霜拌勻（圖 3）。

4. 加入營養蛋白混合飲料草莓口味粉拌勻（圖 4）。

5. 室溫放至微涼，每份餅乾約放 8 ～ 10g 內餡（圖 5），即可組合。

巧餅牛軋糖夾心餅乾

約 **100** 份

每份熱量 ▶ 5 片餅乾大約 **220** 卡

低卡的營養與口感比市售的牛軋餅含糖量更低，營養價值更高

蛋白霜作法

〔材料〕

❶ 85% 水麥芽 ...600g

❷ 海藻糖 ...50g

❸ 發酵奶油 ...100g

❹ 蛋白粉 ...16g

❺ 二砂糖 ...40g

❻ 鹽 ...5g

❼ 水 ...44g

❽ 營養蛋白混合飲料巧
餅口味 ...100g

✽ 蘇打餅乾 ...200 片

糖漿煮法

1

〔作法〕

▶▶ 蛋白霜作法

水和二砂糖、鹽先攪拌，加入蛋白粉用電動攪拌器高速打發至有深
紋路，備用。

2

▶▶ 糖漿煮法

1. 將水麥芽倒入鍋中（圖 1），加入海藻糖開中小火拌勻後，煮至
   122℃（夏天溫度 125 ~ 127℃）關火。

3

2. 發酵奶油切小塊，加入煮好的糖中，快速拌合（圖 2）。

3. 加入蛋白霜拌勻（圖 3）。

4

4. 加入營養蛋白混合飲料巧餅口味粉拌勻（圖 4）。

5. 室溫放至微涼，每份餅乾約放 8 ~ 10g 內餡（圖 5），即可組合。

5

巧克力牛軋糖夾心餅乾

約 **100** 份

每份熱量 ▶ 5 片餅乾大約 **210** 卡

低卡的營養與口感比市售的牛軋餅含糖量更低，營養價值更高

蛋白霜作法

{材料}

❶ 85% 水麥芽 ...600g

❷ 海藻糖 ...50g

❸ 發酵奶油 ...100g

❹ 蛋白粉 ...16g

❺ 二砂糖 ...40g

❻ 鹽 ...5g

❼ 水 ...44g

❽ 營養蛋白混合飲料巧
　克力口味 ...100g

＊蘇打餅乾 ...200 片

糖漿煮法

1

2

3

4

5

{作法}

▶▶ 蛋白霜作法

水和二砂糖、鹽先攪拌，加入蛋白粉用電動攪拌器高速打發至有深
紋路，備用。

▶▶ 糖漿煮法

1. 將水麥芽倒入鍋中（圖 1），加入海藻糖開中小火拌勻後，煮至
　122°C（夏天溫度 125 ～ 127°C）關火。

2. 發酵奶油切小塊，加入煮好的糖中，快速拌合（圖 2）。

3. 加入蛋白霜拌勻（圖 3）。

4. 加入營養蛋白混合飲料巧克力口味粉拌勻（圖 4）。

5. 室溫放至微涼，每份餅乾約放 8 ～ 10g 內餡，即可組合（圖 5）。

牛軋餅

25 薄荷巧克力牛軋糖夾心餅乾

約 *100* 份

每份熱量 ▸▸ 5 片餅乾大約 *215* 卡

低卡的營養與口感比市售的牛軋餅含糖量更低，營養價值更高

蛋白霜作法

糖漿煮法

{材料}

❶ 85% 水麥芽 ...600g

❷ 海藻糖 ...50g

❸ 發酵奶油 ...100g

❹ 蛋白粉 ...16g

❺ 二砂糖 ...40g

❻ 鹽 ...5g

❼ 水 ...44g

❽ 營養蛋白混合飲料薄
荷巧克力口味 ...100g

＊蘇打餅乾 ...200 片

{作法}

▸▸ 蛋白霜作法

水和二砂糖、鹽先攪拌，加入蛋白粉用電動攪拌器高速打發至有深
紋路，備用。

▸▸ 糖漿煮法

1. 將水麥芽倒入鍋中（圖 1），加入海藻糖開中小火拌勻後，煮至
122°C（夏天溫度 125 ～ 127°C）關火。

2. 發酵奶油切小塊，加入煮好的糖中，快速拌合（圖 2）。

3. 加入蛋白霜拌勻（圖 3）。

4. 加入營養蛋白混合飲料薄荷巧克力口味粉拌勻（圖 4）。

5. 室溫放至微涼，每份餅乾約放 8 ～ 10g 內餡，即可組合（圖 5）。

1

2

3

4

5

蛋白餅

香草蛋白餅
草莓蛋白餅
巧餅蛋白餅
巧克力蛋白餅
薄荷巧克力蛋白餅

營養蛋白混合
薄荷巧克力口味

營養蛋白混合
草莓口味

營養蛋白混合
巧餅口味

營養蛋白混合
香草口味

營養蛋白混合
巧克力口味

香草蛋白餅

68

每份熱量 ▶ 5 片餅乾大約 **130** 卡

低卡的營養與口感比市售的蛋白餅含糖量更低，營養價值更高

〔材料〕

❶ 杏仁粉 ...105g

❷ 糖粉 ...50g

❸ 營養蛋白混合香草口味 ...45g

❹ 美國蛋白粉 ...11g

❺ 熱水 ...49g

❻ 二砂糖 ...80g

〔作法〕

1. 烤箱以上火 120°C / 下火 120°C 預熱。

2. 杏仁粉、糖粉、營養蛋白混合香草口味粉一起過篩二次（圖 1、2），備用。

3. **蛋白霜製作：**

 ❶ 熱水和 40g 細砂糖先略微攪拌（圖 3），加入蛋白粉打至起泡（圖 4）。

 ❷ 再加入剩下的 40g 細砂糖，打至蛋白可直立站起（圖 5）。

4. 先將蛋白霜分二次加入過篩的粉類當中攪拌均勻（圖 6）。

5. 烤盤鋪上烘焙紙。

6. 擠花袋裝入喜歡的花嘴形狀，裝入麵糊擠出 3 ～ 4cm 大小（圖 7）。

7. 入烤約 12 分鐘，略微上色。

8. 冷卻後即可包裝。

草莓蛋白餅

約 **20-30** 個

每份熱量 ▶▶ 5 片餅乾大約 **130** 卡

低卡的營養與口感比市售的蛋白餅含糖量更低，營養價值更高

{材料}

❶ 杏仁粉 ...105g

❷ 糖粉 ...50g

❸ 營養蛋白混合草莓
　口味 ...45g

❹ 美國蛋白粉 ...11g

❺ 熱水 ...49g

❻ 二砂糖 ...80g

{作法}

1. 烤箱以上火 120℃ / 下火 120℃ 預熱。

2. 杏仁粉、糖粉、營養蛋白混合草莓口味粉一起過篩二次（圖 1、2），備用。

3. **蛋白霜製作：**

　❶ 熱水和 40g 細砂糖先略微攪拌（圖 3），加入蛋白粉打至起泡（圖 4）。

　❷ 再加入剩下的 40g 細砂糖，打至蛋白可直立站起（圖 5）。

4. 先將蛋白霜分二次加入過篩的粉類當中攪拌均勻。

5. 烤盤鋪上烘焙紙。

6. 擠花袋裝入喜歡的花嘴形狀，裝入麵糊擠出 3 ～ 4cm 大小。

7. 入烤約 12 分鐘，略微上色。

8. 冷卻後即可包裝。

巧餅蛋白餅

約 **20-30** 個

每份熱量 ▶ 5 片餅乾大約 **145** 卡

低卡的營養與口感比市售的蛋白餅含糖量更低，營養價值更高

{材料}

❶ 杏仁粉 ...105g

❷ 糖粉 ...50g

❸ 營養蛋白混合巧餅
　口味 ...45g

❹ 美國蛋白粉 ...11g

❺ 熱水 ...49g

❻ 二砂糖 ...80g

{作法}

1. 烤箱以上火 120°C / 下火 120°C 預熱。

2. 杏仁粉、糖粉、營養蛋白混合巧餅口味粉一起過篩二次（圖 1、2），備用。

3. **蛋白霜製作：**

　❶ 熱水和 40g 細砂糖先略微攪拌（圖 3），加入蛋白粉打至起泡（圖 4）。

　❷ 再加入剩下的 40g 細砂糖，打至蛋白可直立站起（圖 5）。

4. 先將蛋白霜分二次加入過篩的粉類當中攪拌均勻。

5. 烤盤鋪上烘焙紙。

6. 擠花袋裝入喜歡的花嘴形狀，裝入麵糊擠出 3 ～ 4cm 大小。

7. 入烤約 12 分鐘，略微上色。

8. 冷卻後即可包裝。

美式
手工餅乾

香草美式手工餅乾
草莓美式手工餅乾
巧餅美式手工餅乾
巧克力美式手工餅乾
薄荷巧克力美式手工餅乾

香草美式
手工餅乾

約 **20** 片

每份熱量 ▶ 5 片餅乾大約 **150** 卡

低卡的營養與口感比市售的餅乾含糖量更低，營養價值更高

【材料】

❶ 無鹽奶油 ...120g

❷ 細砂糖 ...40g

❸ 海藻糖 ...40g

❹ 全蛋 ...50g

❺ 低筋麵粉 ...220g

❻ 營養蛋白混合香草口味 ...100g

❼ 鹽 ...2g

【作法】

1. 烤箱以上火 190℃ / 下火 190℃ 預熱。

2. 低筋麵粉、鹽、營養蛋白混合香草口味過篩（圖 1）。

3. 無鹽奶油置室溫下軟化（圖 2）。

4. 軟化的無鹽奶油、細砂糖、海藻糖先以刮刀拌合，再以電動攪拌機高速攪拌至略為白（圖 3）。

5. 全蛋分次加入攪拌均勻。

6. 加入過篩的粉類（作法 2），用刮刀拌勻。

7. 用 15g 麵團搓圓（圖 4），扣在模型上壓緊（圖 5），脫模放入烤盤，左右間隔 2cm（圖 6）。

8. 放入烤箱上火 180℃ / 下火 180℃，烤約 12 ～ 15 分鐘。

9. 出爐後放涼，即可包裝。

香草南瓜子美式手工餅乾

約 **20** 片

烤焙條件
烘焙溫度：上火 180°C / 下火 180°C
烘焙時間：12-15 分鐘

每份熱量 ▶▶ 5 片餅乾大約 **150** 卡

低卡的營養與口感比市售的餅乾含糖量更低，營養價值更高

{材料}

❶ 無鹽奶油 ...120g

❷ 細砂糖 ...40g

❸ 海藻糖 ...40g

❹ 全蛋 ...50g

❺ 低筋麵粉 ...220g

❻ 營養蛋白混合香草口味 ...100g

❼ 鹽 ...2g

❽ 南瓜子 ... 適量

{作法}

1. 烤箱以上火 190°C / 下火 190°C 預熱。

2. 低筋麵粉、鹽、營養蛋白混合香草口味過篩（圖1）。

3. 無鹽奶油置室溫下軟化（圖2）。

4. 軟化的無鹽奶油、細砂糖、海藻糖先以刮刀拌合，再以電動攪拌機高速攪拌至略為白（圖3）。

5. 全蛋分次加入攪拌均勻。

6. 加入過篩的粉類（作法2），用刮刀拌勻。

7. 將麵團桿成四方型，依自己喜好的圖形切割（圖4），放入烤盤（圖5），舖上南瓜子（圖6），左右間隔 2cm。

8. 放入烤箱上火 180°C / 下火 180°C，烤約 12 ～ 15 分鐘。

9. 出爐後放涼，即可包裝。

香草蔓越莓美式手工餅乾

約 **20** 片

每份熱量 ▸▸ 5 片餅乾大約 **150** 卡

低卡的營養與口感比市售的餅乾含糖量更低，營養價值更高

{材料}

❶ 無鹽奶油 ...120g

❷ 細砂糖 ...40g

❸ 海藻糖 ...40g

❹ 全蛋 ...50g

❺ 低筋麵粉 ...220g

❻ 營養蛋白混合香草口味 ...100g

❼ 鹽 ...2g

❽ 蔓越莓乾 ... 適量

{作法}

1. 烤箱以上火 190°C / 下火 190°C 預熱。

2. 低筋麵粉、鹽、營養蛋白混合香草口味過篩（圖 1）。

3. 無鹽奶油置室溫下軟化（圖 2）。

4. 軟化的無鹽奶油、細砂糖、海藻糖先以刮刀拌合，再以電動攪拌機高速攪拌至略為白（圖 3）。

5. 全蛋分次加入攪拌均勻。

6. 加入過篩的粉類（作法 2），用刮刀拌勻，再加入蔓越莓乾揉勻（圖 4、5）。

7. 將麵團分成 15 ～ 20g 搓圓，也可依自已喜好塑形（圖 6），放入烤盤（圖 7），左右間隔 2cm。

8. 放入烤箱上火 180°C / 下火 180°C，烤約 12 ～ 15 分鐘。

9. 出爐後放涼，即可包裝。

香草杏仁
美式手工餅乾

約 **20** 片

烤焙條件

烘焙溫度：上火 180℃ / 下火 180℃
烘焙時間：12-15 分鐘

每份熱量 ▶ 5 片餅乾大約 **150** 卡

低卡的營養與口感比市售的餅乾含糖量更低，營養價值更高

{材料}

❶ 無鹽奶油 ...120g

❷ 細砂糖 ...40g

❸ 海藻糖 ...40g

❹ 全蛋 ...50g

❺ 低筋麵粉 ...220g

❻ 營養蛋白混合香草口味 ...100g

❼ 鹽 ...2g

❽ 杏仁角 ... 適量

{作法}

1. 烤箱以上火 190°C / 下火 190°C 預熱。

2. 低筋麵粉、鹽、營養蛋白混合香草口味過篩（圖 1）。

3. 無鹽奶油置室溫下軟化（圖 2）。

4. 軟化的無鹽奶油、細砂糖、海藻糖先以刮刀拌合，再以電動攪拌機高速攪拌至略為白（圖 3）。

5. 全蛋分次加入攪拌均勻。

6. 加入過篩的粉類（作法 2），用刮刀拌勻。

7. 用 15g 麵團搓圓，扣在模型上壓緊（圖 4），脫模放入烤盤，表面用杏仁角裝飾（圖 5），需左右間隔 2cm（圖 6）。

8. 放入烤箱上火 180°C / 下火 180°C，烤約 12 ~ 15 分鐘。

9. 出爐後放涼，即可包裝。

香草葡萄乾 美式手工餅乾

約 **20** 片

每份熱量 ▶ 5 片餅乾大約 **150** 卡

低卡的營養與口感比市售的餅乾含糖量更低，營養價值更高

{材料}

❶ 無鹽奶油 ...120g

❷ 細砂糖 ...40g

❸ 海藻糖 ...40g

❹ 全蛋 ...50g

❺ 低筋麵粉 ...220g

❻ 營養蛋白混合香草口味 ...100g

❼ 鹽 ...2g

❽ 雙色葡萄乾 ... 適量

{作法}

1. 烤箱以上火 190°C / 下火 190°C 預熱。

2. 低筋麵粉、鹽、營養蛋白混合香草口味過篩（圖 1）。

3. 無鹽奶油置室溫下軟化（圖 2）。

4. 軟化的無鹽奶油、細砂糖、海藻糖先以刮刀拌合，再以電動攪拌機高速攪拌至略為白（圖 3）。

5. 全蛋分次加入攪拌均勻。

6. 加入過篩的粉類（作法 2），用刮刀拌勻。

7. 將麵團桿 0.5cm 的厚度，依自已喜好的圖形切割，鋪上葡萄乾（圖 4），放入烤盤，左右間隔 2cm（圖 5）。

8. 放入烤箱上火 180°C / 下火 180°C，烤約 12 ～ 15 分鐘。

9. 出爐後放涼，即可包裝。

香草核桃
美式手工餅乾

約 **20** 片

每份熱量 ▸▸ 5 片餅乾大約 **150** 卡

低卡的營養與口感比市售的餅乾含糖量更低，營養價值更高

{材料}

❶ 無鹽奶油 ...120g

❷ 細砂糖 ...40g

❸ 海藻糖 ...40g

❹ 全蛋 ...50g

❺ 低筋麵粉 ...220g

❻ 營養蛋白混合香草口味 ...100g

❼ 鹽 ...2g

❽ 核桃 ... 適量

{作法}

1. 烤箱以上火 190°C / 下火 190°C 預熱。

2. 低筋麵粉、鹽、營養蛋白混合香草口味過篩（圖 1）。

3. 無鹽奶油置室溫下軟化（圖 2）。

4. 軟化的無鹽奶油、細砂糖、海藻糖先以刮刀拌合，再以電動攪拌機高速攪拌至略為白（圖 3）。

5. 全蛋分次加入攪拌均勻。

6. 加入過篩的粉類（作法 2），用刮刀拌勻。

7. 將麵團桿成四方型，舖上核桃（圖 4），依自己喜好的圖形切割（圖 5），放入烤盤，左右間隔 2cm（圖 6）。

8. 放入烤箱上火 180°C / 下火 180°C，烤約 12 ～ 15 分鐘。

9. 出爐後放涼，即可包裝。

1

2

3

4

5

6

香草藍莓 美式手工餅乾

約 **20** 片

每份熱量 ▶ 5 片餅乾大約 **150** 卡

低卡的營養與口感比市售的餅乾含糖量更低，營養價值更高

{材料}

❶ 無鹽奶油 ...120g

❷ 細砂糖 ...40g

❸ 海藻糖 ...40g

❹ 全蛋 ...50g

❺ 低筋麵粉 ...220g

❻ 營養蛋白混合香草
  口味 ...100g

❼ 鹽 ...2g

❽ 藍莓乾 ... 適量

{作法}

1. 烤箱以上火 190°C / 下火 190°C 預熱。

2. 低筋麵粉、鹽、營養蛋白混合香草口味過篩（圖 1）。

3. 無鹽奶油置室溫下軟化（圖 2）。

4. 軟化的無鹽奶油、細砂糖、海藻糖先以刮刀拌合，再以電動攪拌機高速攪拌至略為白（圖 3）。

5. 全蛋分次加入攪拌均勻。

6. 加入過篩的粉類（作法 2），用刮刀拌勻。

7. 將麵團桿 0.5cm 的厚度，用喜歡的模型壓出圖案（圖 4、5），舖上藍莓乾，放入烤盤（圖 6），
   左右間隔 2cm。

8. 放入烤箱上火 180°C / 下火 180°C，烤約 12 ～ 15 分鐘。

9. 出爐後放涼，即可包裝。

香草燕麥 美式手工餅乾

約 **20** 片

每份熱量 ▶ 5 片餅乾大約 **150** 卡

低卡的營養與口感比市售的餅乾含糖量更低，營養價值更高

{材料}

❶ 無鹽奶油 ...120g

❷ 細砂糖 ...40g

❸ 海藻糖 ...40g

❹ 全蛋 ...50g

❺ 低筋麵粉 ...220g

❻ 營養蛋白混合香草口味 ...100g

❼ 鹽 ...2g

❽ 燕麥片 ... 適量

{作法}

1. 烤箱以上火 190°C / 下火 190°C 預熱。

2. 低筋麵粉、鹽、營養蛋白混合香草口味過篩（圖 1）。

3. 無鹽奶油置室溫下軟化（圖 2）。

4. 軟化的無鹽奶油、細砂糖、海藻糖先以刮刀拌合，再以電動攪拌機高速攪拌至略為白（圖 3）。

5. 全蛋分次加入攪拌均勻。

6. 加入過篩的粉類（作法 2）及燕麥片（圖 4）。

7. 將麵團桿 0.5cm 的厚度（圖 5），用喜歡的模型壓出圖案（圖 6），依自己喜好的圖形切割，放入烤盤（圖 7），左右間隔 2cm。

8. 放入烤箱上火 180°C / 下火 180°C，烤約 12 ～ 15 分鐘。

9. 出爐後放涼，即可包裝。

香草草莓
美式手工餅乾

約 **20** 片

每份熱量 ▸▸ 5 片餅乾大約 **150** 卡

低卡的營養與口感比市售的餅乾含糖量更低，營養價值更高

{ 材料 }

❶ 無鹽奶油 ...120g

❷ 細砂糖 ...40g

❸ 海藻糖 ...40g

❹ 全蛋 ...50g

❺ 低筋麵粉 ...220g

❻ 營養蛋白混合香草
　 口味 ...100g

❼ 鹽 ...2g

❽ 草莓乾 ... 適量

{ 作法 }

1. 烤箱以上火 190°C / 下火 190°C 預熱。

2. 低筋麵粉、鹽、營養蛋白混合香草口味過篩（圖 1）。

3. 無鹽奶油置室溫下軟化（圖 2）。

4. 軟化的無鹽奶油、細砂糖、海藻糖先以刮刀拌合，再以電動攪拌機高速攪拌至略為白
　 （圖 3）。

5. 全蛋分次加入攪拌均勻。

6. 加入過篩的粉類（作法 2），用刮刀拌勻。

7. 將麵團桿 0.5cm，用喜歡的模型壓出圖案（圖 4），舖上草莓乾（圖 5），放入烤盤，左右間
　 隔 2cm（圖 6）。

8. 放入烤箱上火 180°C / 下火 180°C，烤約 12 ～ 15 分鐘。

9. 出爐後放涼，即可包裝。

1

2

3

4

5

6

草莓美式
手工餅乾

約 **20** 片

每份熱量 ▶ 5 片餅乾大約 **150** 卡

低卡的營養與口感比市售的餅乾含糖量更低，營養價值更高

{材料}

❶ 無鹽奶油 ...120g

❷ 細砂糖 ...40g

❸ 海藻糖 ...40g

❹ 全蛋 ...50g

❺ 低筋麵粉 ...220g

❻ 營養蛋白混合草莓
　口味 ...100g

❼ 鹽 ...2g

❽ 草莓乾 ... 適量

{作法}

1. 烤箱以上火 190°C / 下火 190°C 預熱。

2. 低筋麵粉、鹽、營養蛋白混合草莓口味過篩（圖 1）。

3. 無鹽奶油置室溫下軟化（圖 2）。

4. 軟化的無鹽奶油、細砂糖、海藻糖先以刮刀拌合，再以
   電動攪拌機高速攪拌至略為白（圖 3）。

5. 全蛋分次加入攪拌均勻。

6. 加入過篩的粉類（作法 2），用刮刀拌勻。

7. 將 20g 麵團搓圓，放在模型上壓出圖案（圖 4），放上
   草莓碎，放入烤盤，左右間隔 2cm（圖 5）。

8. 放入烤箱上火 180°C / 下火 180°C，烤約 12 ～ 15 分鐘。

9. 出爐後放涼，即可包裝。

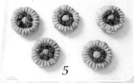

草莓南瓜子 約 **20** 片
美式手工餅乾

每份熱量 ▸▸ 5 片餅乾大約 **150** 卡

低卡的營養與口感比市售的餅乾含糖量更低，營養價值更高

〔材料〕

❶ 無鹽奶油 ...120g

❷ 細砂糖 ...40g

❸ 海藻糖 ...40g

❹ 全蛋 ...50g

❺ 低筋麵粉 ...220g

❻ 營養蛋白混合草莓
　 口味 ...100g

❼ 鹽 ...2g

❽ 南瓜子 ... 適量

〔作法〕

1. 烤箱以上火 190°C / 下火 190°C 預熱。

2. 低筋麵粉、鹽、營養蛋白混合草莓口味過篩（圖 1）。

3. 無鹽奶油置室溫下軟化（圖 2）。

4. 軟化的無鹽奶油、細砂糖、海藻糖先以刮刀拌合，再以
   電動攪拌機高速攪拌至略為白（圖 3）。

5. 全蛋分次加入攪拌均勻。

6. 加入過篩的粉類（作法 2），用刮刀拌勻，再加入南瓜
   子拌勻（圖 4）。

7. 將 20g 麵團搓圓，整型成自己喜歡的圖形（圖 5），放
   入烤盤，左右間隔 2cm（圖 6）。

8. 放入烤箱上火 180°C / 下火 180°C，烤約 12 ～ 15 分鐘。

9. 出爐後放涼，即可包裝。

草莓蔓越莓 美式手工餅乾

約 **20** 片

烤焙條件

烘焙溫度：上火 180°C / 下火 180°C
烘焙時間：12-15 分鐘

每份熱量 ▶ 5 片餅乾大約 **150** 卡

低卡的營養與口感比市售的餅乾含糖量更低，營養價值更高

{材料}

❶ 無鹽奶油 ...120g

❷ 細砂糖 ...40g

❸ 海藻糖 ...40g

❹ 全蛋 ...50g

❺ 低筋麵粉 ...220g

❻ 營養蛋白混合草莓
　口味 ...100g

❼ 鹽 ...2g

❽ 蔓越莓乾 ... 適量

{作法}

1. 烤箱以上火 190°C / 下火 190°C 預熱。

2. 低筋麵粉、鹽、營養蛋白混合草莓口味過篩（圖 1）。

3. 無鹽奶油置室溫下軟化（圖 2）。

4. 軟化的無鹽奶油、細砂糖、海藻糖先以刮刀拌合，再以電動攪拌機高速攪拌至略為白（圖 3）。

5. 全蛋分次加入攪拌均勻。

6. 加入過篩的粉類（作法 2），用刮刀拌勻，再加入蔓越莓乾揉勻（圖 4）。

7. 將麵團桿 0.5cm 的厚度，整型（圖 5），用喜歡的模型壓出圖案（圖 6），放入烤盤，左右間隔 2cm（圖 7）。

8. 放入烤箱上火 180°C / 下火 180°C，烤約 12 ～ 15 分鐘。

9. 出爐後放涼，即可包裝。

草莓杏仁美式手工餅乾

約 **20** 片

每份熱量 ▶▶ 5 片餅乾大約 **150** 卡

低卡的營養與口感比市售的餅乾含糖量更低，營養價值更高

{材料}

❶ 無鹽奶油 ...120g

❷ 細砂糖 ...40g

❸ 海藻糖 ...40g

❹ 全蛋 ...50g

❺ 低筋麵粉 ...220g

❻ 營養蛋白混合草莓
　口味 ...100g

❼ 鹽 ...2g

❽ 杏仁角 ... 適量

{作法}

1. 烤箱以上火 190°C / 下火 190°C 預熱。

2. 低筋麵粉、鹽、營養蛋白混合草莓口味過篩（圖 1）。

3. 無鹽奶油置室溫下軟化（圖 2）。

4. 軟化的無鹽奶油、細砂糖、海藻糖先以刮刀拌合，再以電動攪拌機高速攪拌至略為白（圖 3）。

5. 全蛋分次加入攪拌均勻。

6. 加入過篩的粉類（作法 2），用刮刀拌勻。

7. 將 20g 麵團搓圓，放在模型上壓出圖案（圖 4 ～ 6），表面沾上杏仁角（圖 7），放入烤盤，左右間隔 2cm（圖 8）。

8. 放入烤箱上火 180°C / 下火 180°C，烤約 12 ～ 15 分鐘。

9. 出爐後放涼，即可包裝。

草莓葡萄乾美式手工餅乾

約 **20** 片

每份熱量 ▶ 5 片餅乾大約 **150** 卡

低卡的營養與口感比市售的餅乾含糖量更低，營養價值更高

{材料}

❶ 無鹽奶油 ...120g

❷ 細砂糖 ...40g

❸ 海藻糖 ...40g

❹ 全蛋 ...50g

❺ 低筋麵粉 ...220g

❻ 營養蛋白混合草莓
　口味 ...100g

❼ 鹽 ...2g

❽ 雙色葡萄乾 ... 適量

{作法}

1. 烤箱以上火 190℃ / 下火 190℃ 預熱。

2. 低筋麵粉、鹽、營養蛋白混合草莓口味過篩（圖 1）。

3. 無鹽奶油置室溫下軟化（圖 2）。

4. 軟化的無鹽奶油、細砂糖、海藻糖先以刮刀拌合，再以電動攪拌機高速攪拌至略為白
（圖 3）。

5. 全蛋分次加入攪拌均勻。

6. 加入過篩的粉類（作法 2），用刮刀拌勻，再加入葡萄乾揉勻（圖 4）。

7. 將麵團桿 0.5cm 的厚度（圖 5），用喜歡的模型壓出圖案（圖 6），放入烤盤，左右間隔 2cm
（圖 7）。

8. 放入烤箱上火 180℃ / 下火 180℃，烤約 12 ～ 15 分鐘。

9. 出爐後放涼，即可包裝。

草莓藍莓
美式手工餅乾

約 **20** 片

每份熱量 ▶ 5 片餅乾大約 **150** 卡

低卡的營養與口感比市售的餅乾含糖量更低，營養價值更高

〔材料〕

❶ 無鹽奶油 ...120g

❷ 細砂糖 ...40g

❸ 海藻糖 ...40g

❹ 全蛋 ...50g

❺ 低筋麵粉 ...220g

❻ 營養蛋白混合草莓
　 口味 ...100g

❼ 鹽 ...2g

❽ 藍莓乾 ... 適量

〔作法〕

1. 烤箱以上火 190℃ / 下火 190℃ 預熱。

2. 低筋麵粉、鹽、營養蛋白混合草莓口味過篩（圖 1）。

3. 無鹽奶油置室溫下軟化（圖 2）。

4. 軟化的無鹽奶油、細砂糖、海藻糖先以刮刀拌合，再以電動攪拌機高速攪拌至略為白
　 （圖 3）。

5. 全蛋分次加入攪拌均勻。

6. 加入過篩的粉類（作法 2），用刮刀拌勻。

7. 將 20g 麵團搓圓壓平，再用模型壓出圖型（圖 4、5），表面用藍莓乾裝飾（圖 6），放入烤盤，
　 左右間隔 2cm（圖 7）。

8. 放入烤箱上火 180℃ / 下火 180℃，烤約 12 ～ 15 分鐘。

9. 出爐後放涼，即可包裝。

草莓燕麥 約 *20* 片
美式手工餅乾

每份熱量 ▸▸ 5 片餅乾大約 *150* 卡

低卡的營養與口感比市售的餅乾含糖量更低，營養價值更高

〔材料〕

❶ 無鹽奶油 ...120g

❷ 細砂糖 ...40g

❸ 海藻糖 ...40g

❹ 全蛋 ...50g

❺ 低筋麵粉 ...220g

❻ 營養蛋白混合草莓
　口味 ...100g

❼ 鹽 ...2g

❽ 燕麥片 ... 適量

〔作法〕

1. 烤箱以上火 190°C / 下火 190°C 預熱。

2. 低筋麵粉、鹽、營養蛋白混合草莓口味過篩（圖 1）。

3. 無鹽奶油置室溫下軟化（圖 2）。

4. 軟化的無鹽奶油、細砂糖、海藻糖先以刮刀拌合，再以電
動攪拌機高速攪拌至略為白（圖 3）。

5. 全蛋分次加入攪拌均勻。

6. 加入過篩的粉類（作法 2），用刮刀拌勻。

7. 將 20g 麵團搓圓，於燕麥片上壓平（圖 4），再用手指做
造型，放入烤盤，左右間隔 2cm（圖 5）。

8. 放入烤箱上火 180°C / 下火 180°C，烤約 12 ～ 15 分鐘。

9. 出爐後放涼，即可包裝。

巧餅美式
手工餅乾

約 **20** 片

每份熱量 ▸ 5 片餅乾大約 **160** 卡

低卡的營養與口感比市售的餅乾含糖量更低，營養價值更高

{材料}

❶ 無鹽奶油 ...120g

❷ 細砂糖 ...35g

❸ 海藻糖 ...40g

❹ 全蛋 ...50g

❺ 低筋麵粉 ...100g

❻ 營養蛋白混合巧餅
口味 ...80g

❼ 鹽 ...2g

{作法}

1. 烤箱以上火 190°C / 下火 190°C 預熱。

2. 低筋麵粉、鹽、營養蛋白混合巧餅口味過篩（圖 1）。

3. 無鹽奶油置室溫下軟化（圖 2）。

4. 軟化的無鹽奶油、細砂糖、海藻糖先以刮刀拌合，再以電動攪拌機高速攪拌至略為白
（圖 3）。

5. 全蛋分次加入攪拌均勻。

6. 加入過篩的粉類（作法 2），用刮刀拌勻。

7. 取 20g 麵團搓圓（圖 4），用手指壓扁（圖 5），利用手指頭壓出造型，放入烤盤，左右間
隔 2cm（圖 6）。

8. 放入烤箱上火 180°C / 下火 180°C，烤約 12 ～ 15 分鐘。

9. 出爐後放涼，即可包裝。

巧餅南瓜子
美式手工餅乾

約 **20** 片

每份熱量 ▶ 5 片餅乾大約 **150** 卡

低卡的營養與口感比市售的餅乾含糖量更低，營養價值更高

{材料}

❶ 無鹽奶油 ...120g

❷ 細砂糖 ...35g

❸ 海藻糖 ...40g

❹ 全蛋 ...50g

❺ 低筋麵粉 ...100g

❻ 營養蛋白混合巧餅
　口味 ...80g

❼ 鹽 ...2g

❽ 南瓜子 ... 適量

{作法}

1. 烤箱以上火 190°C / 下火 190°C 預熱。

2. 低筋麵粉、鹽、營養蛋白混合巧餅口味過篩（圖 1）。

3. 無鹽奶油置室溫下軟化（圖 2）。

4. 軟化的無鹽奶油、細砂糖、海藻糖先以刮刀拌合，再以電動攪拌機高速攪拌至略為白（圖 3）。

5. 全蛋分次加入攪拌均勻。

6. 加入過篩的粉類（作法 2），用刮刀拌勻，再加入南瓜子拌勻（圖 4）。

7. 取 20g 麵團搓圓，用手指壓扁，利用手指頭壓出造型（圖 5），表面用南瓜子裝飾，放入烤盤（圖 6），左右間隔 2cm。

8. 放入烤箱上火 180°C / 下火 180°C，烤約 12 ～ 15 分鐘。

9. 出爐後放涼，即可包裝。

巧餅杏仁 約 **20** 片
美式手工餅乾

116

每份熱量 ▶ 5 片餅乾大約 **150** 卡

低卡的營養與口感比市售的餅乾含糖量更低，營養價值更高

【材料】

❶ 無鹽奶油 ...120g

❷ 細砂糖 ...35g

❸ 海藻糖 ...40g

❹ 全蛋 ...50g

❺ 低筋麵粉 ...100g

❻ 營養蛋白混合巧餅
   口味 ...80g

❼ 鹽 ...2g

❽ 杏仁角 ... 適量

【作法】

1. 烤箱以上火 190°C / 下火 190°C 預熱。

2. 低筋麵粉、鹽、營養蛋白混合巧餅口味過篩（圖 1）。

3. 無鹽奶油置室溫下軟化（圖 2）。

4. 軟化的無鹽奶油、細砂糖、海藻糖先以刮刀拌合，再以電動攪拌機高速攪拌至略為白
   （圖 3）。

5. 全蛋分次加入攪拌均勻。

6. 加入過篩的粉類（作法 2），用刮刀拌勻。

7. 將麵團桿成 0.5cm 的厚度，用喜歡的壓模壓出型狀（圖 4），表面沾少許杏仁角（圖 5），
   放入烤盤，左右間隔 2cm（圖 6）。

8. 放入烤箱上火 180°C / 下火 180°C，烤約 12 ～ 15 分鐘。

9. 出爐後放涼，即可包裝。

巧餅葡萄乾 約 *20* 片
美式手工餅乾

每份熱量 ▶ 5 片餅乾大約 *150* 卡

低卡的營養與口感比市售的餅乾含糖量更低，營養價值更高

{材料}

❶ 無鹽奶油 ...120g

❷ 細砂糖 ...35g

❸ 海藻糖 ...40g

❹ 全蛋 ...50g

❺ 低筋麵粉 ...100g

❻ 營養蛋白混合巧餅
口味 ...80g

❼ 鹽 ...2g

❽ 雙色葡萄乾 ... 適量

{作法}

1. 烤箱以上火 190°C / 下火 190°C 預熱。

2. 低筋麵粉、鹽、營養蛋白混合巧餅口味過篩（圖 1）。

3. 無鹽奶油置室溫下軟化（圖 2）。

4. 軟化的無鹽奶油、細砂糖、海藻糖先以刮刀拌合，再以電動攪拌機高速攪拌至略為白（圖 3）。

5. 全蛋分次加入攪拌均勻。

6. 加入過篩的粉類（作法 2），用刮刀拌勻，再加入葡萄乾拌勻（圖 4）。

7. 用喜歡的壓模壓出型狀（圖 5），表面裝飾葡萄乾，放入烤盤（圖 6），左右間隔 2cm。

8. 放入烤箱上火 180°C / 下火 180°C，烤約 12 ～ 15 分鐘。

9. 出爐後放涼，即可包裝。

巧餅核桃 約 *20* 片
美式手工餅乾

每份熱量 ▶ 5 片餅乾大約 *150* 卡

低卡的營養與口感比市售的餅乾含糖量更低，營養價值更高

{材料}

❶ 無鹽奶油 ...120g

❷ 細砂糖 ...35g

❸ 海藻糖 ...40g

❹ 全蛋 ...50g

❺ 低筋麵粉 ...100g

❻ 營養蛋白混合巧餅
　口味 ...80g

❼ 鹽 ...2g

❽ 核桃 ... 適量

{作法}

1. 烤箱以上火 190°C / 下火 190°C 預熱。

2. 低筋麵粉、鹽、營養蛋白混合巧餅口味過篩（圖 1）。

3. 無鹽奶油置室溫下軟化（圖 2）。

4. 軟化的無鹽奶油、細砂糖、海藻糖先以刮刀拌合，再以電動攪拌機高速攪拌至略為白
　（圖 3）。

5. 全蛋分次加入攪拌均勻。

6. 加入過篩的粉類（作法 2），用刮刀拌勻，再加入碎核桃拌勻（圖 4）。

7. 用喜歡的壓模壓出型狀（圖 5），表面裝飾核桃（圖 6），放入烤盤，左右間隔 2cm。

8. 放入烤箱上火 180°C / 下火 180°C，烤約 12 ~ 15 分鐘。

9. 出爐後放涼，即可包裝。

1　2　3　4

5　6

巧餅藍莓 美式手工餅乾

約 **20** 片

每份熱量 ▶ 5 片餅乾大約 **150** 卡

低卡的營養與口感比市售的餅乾含糖量更低，營養價值更高

{材料}

❶ 無鹽奶油 ...120g

❷ 細砂糖 ...35g

❸ 海藻糖 ...40g

❹ 全蛋 ...50g

❺ 低筋麵粉 ...100g

❻ 營養蛋白混合巧餅
　　口味 ...80g

❼ 鹽 ...2g

❽ 藍莓乾 ... 適量

{作法}

1. 烤箱以上火 190°C / 下火 190°C 預熱。

2. 低筋麵粉、鹽、營養蛋白混合巧餅口味過篩（圖 1）。

3. 無鹽奶油置室溫下軟化（圖 2）。

4. 軟化的無鹽奶油、細砂糖、海藻糖先以刮刀拌合，再以電動攪拌機高速攪拌至略為白（圖 3）。

5. 全蛋分次加入攪拌均勻。

6. 加入過篩的粉類（作法 2），用刮刀拌勻，再加入藍莓乾拌勻（圖 4）。

7. 切割成自己喜歡的圖形，放入烤盤，左右間隔 2cm（圖 5）。

8. 放入烤箱上火 180°C / 下火 180°C，烤約 12 ～ 15 分鐘。

9. 出爐後放涼，即可包裝。

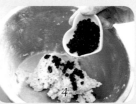

巧餅燕麥 約 **20** 片
美式手工餅乾

每份熱量 ▶ 5 片餅乾大約 **150** 卡

低卡的營養與口感比市售的餅乾含糖量更低，營養價值更高

〔材料〕

❶ 無鹽奶油 ...120g

❷ 細砂糖 ...35g

❸ 海藻糖 ...40g

❹ 全蛋 ...50g

❺ 低筋麵粉 ...100g

❻ 營養蛋白混合巧餅
  口味 ...80g

❼ 鹽 ...2g

❽ 燕麥片 ... 適量

〔作法〕

1. 烤箱以上火 190°C / 下火 190°C 預熱。

2. 低筋麵粉、鹽、營養蛋白混合巧餅口味過篩（圖 1）。

3. 無鹽奶油置室溫下軟化（圖 2）。

4. 軟化的無鹽奶油、細砂糖、海藻糖先以刮刀拌合，再以電動攪拌機高速攪拌至略為白（圖 3）。

5. 全蛋分次加入攪拌均勻。

6. 加入過篩的粉類（作法 2），用刮刀拌勻，加入燕麥片拌勻（圖 4）。

7. 切割成自己喜歡的圖形，利用手指頭壓出造型（圖 5），放入烤盤，左右間隔 2cm（圖 6）。

8. 放入烤箱上火 180°C / 下火 180°C，烤約 12 ～ 15 分鐘。

9. 出爐後放涼，即可包裝。

巧餅芝麻 美式手工餅乾

約 **20** 片

每份熱量 ▶ 5 片餅乾大約 **150** 卡

低卡的營養與口感比市售的餅乾含糖量更低，營養價值更高

{材料}

❶ 無鹽奶油 ...120g

❷ 細砂糖 ...35g

❸ 海藻糖 ...40g

❹ 全蛋 ...50g

❺ 低筋麵粉 ...100g

❻ 營養蛋白混合巧餅
　口味 ...80g

❼ 鹽 ...2g

❽ 芝麻粉 ...20g

{作法}

1. 烤箱以上火 190℃ / 下火 190℃ 預熱。

2. 低筋麵粉、鹽、營養蛋白混合巧餅口味過篩（圖 1）。

3. 無鹽奶油置室溫下軟化（圖 2）。

4. 軟化的無鹽奶油、細砂糖、海藻糖先以刮刀拌合，再以電動攪拌機高速攪拌至略為白（圖 3）。

5. 全蛋分次加入攪拌均勻。

6. 加入過篩的粉類（作法 2），用刮刀拌勻，再加入芝麻粉拌勻（圖 4）。

7. 麵團搓成圓柱形（圖 5），用烘焙紙包好（圖 6），放入冷凍冰 30 分鐘，取出切成每片 0.5cm 厚度，放入烤盤（圖 7），左右間隔 2cm。

8. 放入烤箱上火 180℃ / 下火 180℃，烤約 12 ～ 15 分鐘。

9. 出爐後放涼，即可包裝。

巧餅草莓 美式手工餅乾

約 **20** 片

每份熱量 ▶ 5 片餅乾大約 **150** 卡

低卡的營養與口感比市售的餅乾含糖量更低，營養價值更高

❶ 無鹽奶油 ...120g

❷ 細砂糖 ...35g

❸ 海藻糖 ...40g

❹ 全蛋 ...50g

❺ 低筋麵粉 ...100g

❻ 營養蛋白混合巧餅
   口味 ...80g

❼ 鹽 ...2g

❽ 草莓乾 ... 適量

{作法}

1. 烤箱以上火 190°C / 下火 190°C 預熱。

2. 低筋麵粉、鹽、營養蛋白混合巧餅口味過篩（圖 1）。

3. 無鹽奶油置室溫下軟化（圖 2）。

4. 軟化的無鹽奶油、細砂糖、海藻糖先以刮刀拌合，再以電動攪拌機高速攪拌至略為白
   （圖 3）。

5. 全蛋分次加入攪拌均勻。

6. 加入過篩的粉類（作法 2），用刮刀拌勻。

7. 用喜歡的壓模壓出型狀（圖 4、5），表面裝飾草莓乾，放入烤盤（圖 6），左右間隔
   2cm。

8. 放入烤箱上火 180°C / 下火 180°C，烤約 12 ～ 15 分鐘。

9. 出爐後放涼，即可包裝。

巧克力
美式手工餅乾

約 **20** 片

每份熱量 ▶▶ 5 片餅乾大約 **150** 卡

低卡的營養與口感比市售的餅乾含糖量更低，營養價值更高

〔材料〕

❶ 無鹽奶油 ...120g

❷ 細砂糖 ...40g

❸ 海藻糖 ...40g

❹ 全蛋 ...50g

❺ 低筋麵粉 ...220g

❻ 營養蛋白混合巧克力
　口味 ...100g

❼ 鹽 ...2g

〔作法〕

1. 烤箱以上火 190℃ / 下火 190℃ 預熱。

2. 低筋麵粉、鹽、營養蛋白混合巧克力口味過篩（圖 1）。

3. 無鹽奶油置室溫下軟化（圖 2）。

4. 軟化的無鹽奶油、細砂糖、海藻糖先以刮刀拌合，再以電動攪拌機高速攪拌至略為白
　（圖 3）。

5. 全蛋分次加入攪拌均勻。

6. 加入過篩的粉類（作法 2），用刮刀拌勻。

7. 將麵團桿成 0.5cm 的厚度，用喜歡的壓模壓出型狀，放入烤盤（圖 4），左右間隔
　2cm。

8. 放入烤箱上火 180℃ / 下火 180℃，烤約 12 ～ 15 分鐘。

9. 出爐後放涼，即可包裝。

※ 可加入巧克力豆增加口感。

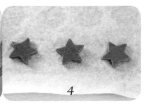

巧克力南瓜子
美式手工餅乾

約 **20** 片

烤焙條件

烘焙溫度：上火 180°C／下火 180°C
烘焙時間：12-15 分鐘

每份熱量 ▶ 5 片餅乾大約 **150** 卡

低卡的營養與口感比市售的餅乾含糖量更低，營養價值更高

{材料}

❶ 無鹽奶油 ...120g

❷ 細砂糖 ...40g

❸ 海藻糖 ...40g

❹ 全蛋 ...50g

❺ 低筋麵粉 ...220g

❻ 營養蛋白混合巧克力
　口味 ...100g

❼ 鹽 ...2g

❽ 南瓜子 ... 適量

{作法}

1. 烤箱以上火 190°C / 下火 190°C 預熱。

2. 低筋麵粉、鹽、營養蛋白混合巧克力口
　味過篩（圖 1）。

3. 無鹽奶油置室溫下軟化（圖 2）。

4. 軟化的無鹽奶油、細砂糖、海藻糖先以
　刮刀拌合，再以電動攪拌機高速攪拌至
　略為白（圖 3）。

5. 全蛋分次加入攪拌均勻。

6. 加入過篩的粉類（作法 2），用刮刀拌
　勻。

7. 將麵團桿成 0.5cm 的厚度，用喜歡的壓
　模壓出型狀，放上南瓜子裝飾。

8. 放入烤盤（圖 4），左右間隔 2cm。

9. 放入烤箱上火 180°C / 下火 180°C，烤約
　12 ～ 15 分鐘。

10. 出爐後放涼，即可包裝。

巧克力蔓越莓
美式手工餅乾

約 **20** 片

每份熱量 ▶ 5 片餅乾大約 **150** 卡

低卡的營養與口感比市售的餅乾含糖量更低，營養價值更高

{材料}

❶ 無鹽奶油 …120g

❷ 細砂糖 …40g

❸ 海藻糖 …40g

❹ 全蛋 …50g

❺ 低筋麵粉 …220g

❻ 營養蛋白混合巧克力
口味 …100g

❼ 鹽 …2g

❽ 蔓越莓乾 … 適量

{作法}

1. 烤箱以上火 190°C / 下火 190°C 預熱。

2. 低筋麵粉、鹽、營養蛋白混合巧克力口味過篩
（圖 1）。

3. 無鹽奶油置室溫下軟化（圖 2）。

4. 軟化的無鹽奶油、細砂糖、海藻糖先以刮刀拌合，再以
電動攪拌機高速攪拌至略為白（圖 3）。

5. 全蛋分次加入攪拌均勻。

6. 加入過篩的粉類（作法 2），用刮刀拌勻。

7. 將麵團桿成 0.5cm 的厚度，用喜歡的壓模壓出型狀，放
上蔓越莓乾裝飾。

8. 放入烤盤，左右間隔 2cm。

9. 放入烤箱上火 180°C / 下火 180°C，烤約 12 ～ 15 分鐘。

10. 出爐後放涼，即可包裝。

巧克力杏仁
美式手工餅乾

約 **20** 片

每份熱量 ▶ 5 片餅乾大約 **165** 卡

低卡的營養與口感比市售的餅乾含糖量更低，營養價值更高

{材料}

❶ 無鹽奶油 ...120g

❷ 細砂糖 ...40g

❸ 海藻糖 ...40g

❹ 全蛋 ...50g

❺ 低筋麵粉 ...220g

❻ 營養蛋白混合巧克力
   口味 ...100g

❼ 鹽 ...2g

❽ 杏仁角 ... 適量

{作法}

1. 烤箱以上火 190°C / 下火 190°C 預熱。

2. 低筋麵粉、鹽、營養蛋白混合巧克力口味過篩
   （圖 1）。

3. 無鹽奶油置室溫下軟化（圖 2）。

4. 軟化的無鹽奶油、細砂糖、海藻糖先以刮刀拌合，再以
   電動攪拌機高速攪拌至略為白（圖 3）。

5. 全蛋分次加入攪拌均勻。

6. 加入過篩的粉類（作法 2），用刮刀拌勻。

7. 將麵團桿成 0.5cm 的厚度，用喜歡的壓模壓出型狀，表
   面沾少許杏仁角。

8. 放入烤盤，左右間隔 2cm。

9. 放入烤箱上火 180°C / 下火 180°C，烤約 12 ～ 15 分鐘。

10. 出爐後放涼，即可包裝。

巧克力葡萄乾
美式手工餅乾

約 **20** 片

每份熱量 ▶ 5 片餅乾大約 **150** 卡

低卡的營養與口感比市售的餅乾含糖量更低，營養價值更高

{材料}

❶ 無鹽奶油 ...120g

❷ 細砂糖 ...40g

❸ 海藻糖 ...40g

❹ 全蛋 ...50g

❺ 低筋麵粉 ...220g

❻ 營養蛋白混合巧克力
　口味 ...100g

❼ 鹽 ...2g

❽ 雙色葡萄乾 ... 適量

{作法}

1. 烤箱以上火 190°C / 下火 190°C 預熱。

2. 低筋麵粉、鹽、營養蛋白混合巧克力口味過篩
（圖 1）。

3. 無鹽奶油置室溫下軟化（圖 2）。

4. 軟化的無鹽奶油、細砂糖、海藻糖先以刮刀拌合，再以
電動攪拌機高速攪拌至略為白（圖 3）。

5. 全蛋分次加入攪拌均勻。

6. 加入過篩的粉類（作法 2），用刮刀拌勻。

7. 將麵團桿成 0.5cm 的厚度，用喜歡的壓模壓出型狀，放
上葡萄乾裝飾。

8. 放入烤盤，左右間隔 2cm。

9. 放入烤箱上火 180°C / 下火 180°C，烤約 12 ～ 15 分鐘。

10. 出爐後放涼，即可包裝。

巧克力核桃
美式手工餅乾

約 **20** 片

每份熱量 ▶ 5 片餅乾大約 **150** 卡

低卡的營養與口感比市售的餅乾含糖量更低，營養價值更高

〔材料〕

❶ 無鹽奶油 ...120g

❷ 細砂糖 ...40g

❸ 海藻糖 ...40g

❹ 全蛋 ...50g

❺ 低筋麵粉 ...220g

❻ 營養蛋白混合巧克力
口味 ...100g

❼ 鹽 ...2g

❽ 核桃 ... 適量

〔作法〕

1. 烤箱以上火 190°C / 下火 190°C 預熱。

2. 低筋麵粉、鹽、營養蛋白混合巧克力口味過篩
（圖 1）。

3. 無鹽奶油置室溫下軟化（圖 2）。

4. 軟化的無鹽奶油、細砂糖、海藻糖先以刮刀拌合，再以
電動攪拌機高速攪拌至略為白（圖 3）。

5. 全蛋分次加入攪拌均勻。

6. 加入過篩的粉類（作法 2），用刮刀拌勻。

7. 將麵團桿成 0.5cm 的厚度，用喜歡的壓模壓出型狀，表
面裝飾核桃。

8. 放入烤盤，左右間隔 2cm。

9. 放入烤箱上火 180°C / 下火 180°C，烤約 12 ～ 15 分鐘。

10. 出爐後放涼，即可包裝。

巧克力藍莓
美式手工餅乾

約 **20** 片

烤焙條件
烘焙溫度：上火 180°C / 下火 180°C
烘焙時間：12-15 分鐘

每份熱量 ▶ 5 片餅乾大約 **150** 卡

低卡的營養與口感比市售的餅乾含糖量更低，營養價值更高

{材料}

❶ 無鹽奶油 ...120g

❷ 細砂糖 ...40g

❸ 海藻糖 ...40g

❹ 全蛋 ...50g

❺ 低筋麵粉 ...220g

❻ 營養蛋白混合巧克力
口味 ...100g

❼ 鹽 ...2g

❽ 藍莓乾 ... 適量

{作法}

1. 烤箱以上火 190°C / 下火 190°C 預熱。

2. 低筋麵粉、鹽、營養蛋白混合巧克力口味過篩
（圖 1）。

3. 無鹽奶油置室溫下軟化（圖 2）。

4. 軟化的無鹽奶油、細砂糖、海藻糖先以刮刀拌合，再以
電動攪拌機高速攪拌至略為白（圖 3）。

5. 全蛋分次加入攪拌均勻。

6. 加入過篩的粉類（作法 2），用刮刀拌勻。

7. 將麵團桿成 0.5cm 的厚度，用喜歡的壓模壓出型狀，放
上藍莓乾裝飾。

8. 放入烤盤，左右間隔 2cm。

9. 放入烤箱上火 180°C / 下火 180°C，烤約 12 ～ 15 分鐘。

10. 出爐後放涼，即可包裝。

巧克力燕麥
美式手工餅乾

約 **20** 片

每份熱量 ▶▶ 5 片餅乾大約 **150** 卡

低卡的營養與口感比市售的餅乾含糖量更低，營養價值更高

〔材料〕

❶ 無鹽奶油 ...120g

❷ 細砂糖 ...40g

❸ 海藻糖 ...40g

❹ 全蛋 ...50g

❺ 低筋麵粉 ...220g

❻ 營養蛋白混合巧克力
　口味 ...100g

❼ 鹽 ...2g

❽ 燕麥片 ... 適量

〔作法〕

1. 烤箱以上火 190°C / 下火 190°C 預熱。

2. 低筋麵粉、鹽、營養蛋白混合巧克力口味過篩（圖 1）。

3. 無鹽奶油置室溫下軟化（圖 2）。

4. 軟化的無鹽奶油、細砂糖、海藻糖先以刮刀拌合，再以電動攪拌機高速攪拌至略為白（圖 3）。

5. 全蛋分次加入攪拌均勻。

6. 加入過篩的粉類（作法 2），用刮刀拌勻。

7. 將麵團桿成 0.5cm 的厚度，用喜歡的壓模壓出型狀，表面沾上燕麥片裝飾。

8. 放入烤盤，左右間隔 2cm。

9. 放入烤箱上火 180°C / 下火 180°C，烤約 12 ～ 15 分鐘。

10. 出爐後放涼，即可包裝。

巧克力芝麻
美式手工餅乾
約 **20** 片

每份熱量 ▶ 5 片餅乾大約 **150** 卡
低卡的營養與口感比市售的餅乾含糖量更低，營養價值更高

{材料}

❶ 無鹽奶油 ...120g

❷ 細砂糖 ...40g

❸ 海藻糖 ...40g

❹ 全蛋 ...50g

❺ 低筋麵粉 ...220g

❻ 營養蛋白混合巧克力
   口味 ...100g

❼ 鹽 ...2g

❽ 芝麻粉 ... 適量

{作法}

1. 烤箱以上火 190°C / 下火 190°C 預熱。

2. 低筋麵粉、鹽、營養蛋白混合巧克力口味過篩
   （圖 1）。

3. 無鹽奶油置室溫下軟化（圖 2）。

4. 軟化的無鹽奶油、細砂糖、海藻糖先以刮刀拌合，再以
   電動攪拌機高速攪拌至略為白（圖 3）。

5. 全蛋分次加入攪拌均勻。

6. 加入過篩的粉類（作法 2），用刮刀拌勻。

7. 將麵團桿成 0.5cm 的厚度，用喜歡的壓模壓出型狀，表
   面沾少許芝麻粉。

8. 放入烤盤，左右間隔 2cm。

9. 放入烤箱上火 180°C / 下火 180°C，烤約 12 ～ 15 分鐘。

10. 出爐後放涼，即可包裝。

巧克力草莓
美式手工餅乾

約 **20** 片

每份熱量 ▶▶ 5 片餅乾大約 **150** 卡

低卡的營養與口感比市售的餅乾含糖量更低，營養價值更高

{材料}

❶ 無鹽奶油 ...120g

❷ 細砂糖 ...40g

❸ 海藻糖 ...40g

❹ 全蛋 ...50g

❺ 低筋麵粉 ...220g

❻ 營養蛋白混合巧克力口味 ...100g

❼ 鹽 ...2g

❽ 草莓乾 ... 適量

{作法}

1. 烤箱以上火 190°C / 下火 190°C 預熱。

2. 低筋麵粉、鹽、營養蛋白混合巧克力口味過篩（圖1）。

3. 無鹽奶油置室溫下軟化（圖2）。

4. 軟化的無鹽奶油、細砂糖、海藻糖先以刮刀拌合，再以電動攪拌機高速攪拌至略為白（圖3）。

5. 全蛋分次加入攪拌均勻。

6. 加入過篩的粉類（作法2），用刮刀拌勻。

7. 將麵團桿成 0.5cm 的厚度，用喜歡的壓模壓出型狀，放上草莓乾裝飾。

8. 放入烤盤，左右間隔 2cm。

9. 放入烤箱上火 180°C / 下火 180°C，烤約 12 ～ 15 分鐘。

10. 出爐後放涼，即可包裝。

薄荷巧克力
美式手工餅乾

約 **20** 片

150

每份熱量 ▸ 5 片餅乾大約 **150** 卡

低卡的營養與口感比市售的餅乾含糖量更低，營養價值更高

❶ 無鹽奶油 ...120g

❷ 細砂糖 ...40g

❸ 海藻糖 ...40g

❹ 全蛋 ...50g

❺ 低筋麵粉 ...220g

❻ 營養蛋白混合薄荷巧克力
口味 ...100g

❼ 鹽 ...2g

【作法】

1. 烤箱以上火 190°C / 下火 190°C 預熱。

2. 低筋麵粉、鹽、營養蛋白混合薄荷巧克力口味過篩
（圖1）。

3. 無鹽奶油置室溫下軟化（圖2）。

4. 軟化的無鹽奶油、細砂糖、海藻糖先以刮刀拌合，再以
電動攪拌機高速攪拌至略為白（圖3）。

5. 全蛋分次加入攪拌均勻。

6. 加入過篩的粉類（作法2），用刮刀拌勻。

7. 將麵團桿成 0.5cm 的厚度，用喜歡的壓模壓出型狀
（圖4），放入烤盤，左右間隔 2cm（圖5）。

8. 放入烤箱上火 180°C / 下火 180°C，烤約 12 ～ 15 分鐘。

9. 出爐後放涼，即可包裝。

※ 可加入巧克力豆增加口感。

薄荷巧克力南瓜子美式手工餅乾

約 **20** 片

烤焙條件

烘焙溫度：上火 180°C / 下火 180°C
烘焙時間：12-15 分鐘

每份熱量 ▶ 5 片餅乾大約 **150** 卡

低卡的營養與口感比市售的餅乾含糖量更低，營養價值更高

{ 材料 }

❶ 無鹽奶油 ...120g

❷ 細砂糖 ...40g

❸ 海藻糖 ...40g

❹ 全蛋 ...50g

❺ 低筋麵粉 ...220g

❻ 營養蛋白混合薄荷巧克力
口味 ...100g

❼ 鹽 ...2g

❽ 南瓜子 ... 適量

{ 作法 }

1. 烤箱以上火 190°C / 下火 190°C 預熱。

2. 低筋麵粉、鹽、營養蛋白混合薄荷巧克力口味過篩
（圖 1）。

3. 無鹽奶油置室溫下軟化（圖 2）。

4. 軟化的無鹽奶油、細砂糖、海藻糖先以刮刀拌合，再以
電動攪拌機高速攪拌至略為白（圖 3）。

5. 全蛋分次加入攪拌均勻。

6. 加入過篩的粉類（作法 2），用刮刀拌勻。

7. 將麵團桿成 0.5cm 的厚度，用喜歡的壓模壓出型
狀，放上南瓜子（圖 4），放入烤盤，左右間隔 2cm
（圖 5）。

8. 放入烤箱上火 180°C / 下火 180°C，烤約 12 ～ 15 分鐘。

9. 出爐後放涼，即可包裝。

※ 可加入巧克力豆增加口感。

薄荷巧克力蔓越莓美式手工餅乾

約 **20** 片

烤焙條件
烘焙溫度：上火 180°C / 下火 180°C
烘焙時間：12-15 分鐘

每份熱量 ▶ 5 片餅乾大約 **150** 卡

低卡的營養與口感比市售的餅乾含糖量更低，營養價值更高

{材料}

❶ 無鹽奶油 ...120g

❷ 細砂糖 ...40g

❸ 海藻糖 ...40g

❹ 全蛋 ...50g

❺ 低筋麵粉 ...220g

❻ 營養蛋白混合薄荷巧克力
　 口味 ...100g

❼ 鹽 ...2g

❽ 蔓越莓乾 ... 適量

{作法}

1. 烤箱以上火 190°C / 下火 190°C 預熱。

2. 低筋麵粉、鹽、營養蛋白混合薄荷巧克力口味過篩
　 （圖 1）。

3. 無鹽奶油置室溫下軟化（圖 2）。

4. 軟化的無鹽奶油、細砂糖、海藻糖先以刮刀拌合，再以
　 電動攪拌機高速攪拌至略為白（圖 3）。

5. 全蛋分次加入攪拌均勻。

6. 加入過篩的粉類（作法 2），用刮刀拌勻，加入蔓越莓
　 碎拌勻。

7. 將麵團桿成 0.5cm 的厚度，用喜歡的壓模壓出型狀，放
　 上蔓越莓乾當裝飾。

8. 放入烤盤，左右間隔 2cm（圖 4）。

9. 放入烤箱上火 180°C / 下火 180°C，烤約 12 ~ 15 分鐘。

10. 出爐後放涼，即可包裝。

※ **可加入巧克力豆增加口感。**

薄荷巧克力杏仁美式手工餅乾

約 **20** 片

每份熱量 ▶ 5 片餅乾大約 **150** 卡

低卡的營養與口感比市售的餅乾含糖量更低，營養價值更高

{材料}

❶ 無鹽奶油 ...120g

❷ 細砂糖 ...40g

❸ 海藻糖 ...40g

❹ 全蛋 ...50g

❺ 低筋麵粉 ...220g

❻ 營養蛋白混合薄荷巧克力
　 口味 ...100g

❼ 鹽 ...2g

❽ 杏仁角 ... 適量

{作法}

1. 烤箱以上火 190°C / 下火 190°C 預熱。

2. 低筋麵粉、鹽、營養蛋白混合薄荷巧克力口味過篩
　 （圖 1）。

3. 無鹽奶油置室溫下軟化（圖 2）。

4. 軟化的無鹽奶油、細砂糖、海藻糖先以刮刀拌合，再以
　 電動攪拌機高速攪拌至略為白（圖 3）。

5. 全蛋分次加入攪拌均勻。

6. 加入過篩的粉類（作法 2），用刮刀拌勻。

7. 將麵團桿成 0.5cm 的厚度，用喜歡的壓模壓出型狀
　 （圖 4），撒上杏仁角，放入烤盤，左右間隔 2cm。

8. 放入烤箱上火 180°C / 下火 180°C，烤約 12 ～ 15 分鐘。

9. 出爐後放涼，即可包裝。

※ 可加入巧克力豆增加口感。

1

2

3

4

薄荷巧克力葡萄乾美式手工餅乾

約 **20** 片

每份熱量 ▸▸ 5 片餅乾大約 **150** 卡

低卡的營養與口感比市售的餅乾含糖量更低，營養價值更高

{材料}

❶ 無鹽奶油 ...120g

❷ 細砂糖 ...40g

❸ 海藻糖 ...40g

❹ 全蛋 ...50g

❺ 低筋麵粉 ...220g

❻ 營養蛋白混合薄荷巧克力
口味 ...100g

❼ 鹽 ...2g

❽ 葡萄乾 ... 適量

{作法}

1. 烤箱以上火 190℃ / 下火 190℃ 預熱。

2. 低筋麵粉、鹽、營養蛋白混合薄荷巧克力口味過篩
（圖 1）。

3. 無鹽奶油置室溫下軟化（圖 2）。

4. 軟化的無鹽奶油、細砂糖、海藻糖先以刮刀拌合，再以
電動攪拌機高速攪拌至略為白（圖 3）。

5. 全蛋分次加入攪拌均勻。

6. 加入過篩的粉類（作法 2），用刮刀拌勻。

7. 將麵團桿成 0.5cm 的厚度，用喜歡的壓模壓出型狀，放
上葡萄乾當裝飾（圖 4）。

8. 放入烤盤，左右間隔 2cm。

9. 放入烤箱上火 180℃ / 下火 180℃，約 12 ～ 15 分鐘。

10. 出爐後放涼，即可包裝。

※ **可加入巧克力豆增加口感。**

1

2

3

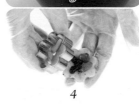

4

薄荷巧克力核桃
美式手工餅乾

約 **20** 片

每份熱量 ▶ 5 片餅乾大約 **150** 卡

低卡的營養與口感比市售的餅乾含糖量更低，營養價值更高

{材料}

❶ 無鹽奶油 ...120g

❷ 細砂糖 ...40g

❸ 海藻糖 ...40g

❹ 全蛋 ...50g

❺ 低筋麵粉 ...220g

❻ 營養蛋白混合薄荷巧克力
　口味 ...100g

❼ 鹽 ...2g

❽ 核桃 ... 適量

{作法}

1. 烤箱以上火 190℃ / 下火 190℃ 預熱。

2. 低筋麵粉、鹽、營養蛋白混合薄荷巧克力口味過篩
　（圖 1）。

3. 無鹽奶油置室溫下軟化（圖 2）。

4. 軟化的無鹽奶油、細砂糖、海藻糖先以刮刀拌合，再以
　電動攪拌機高速攪拌至略為白（圖 3）。

5. 全蛋分次加入攪拌均勻。

6. 加入過篩的粉類（作法 2），用刮刀拌勻。

7. 將麵團桿成 0.5cm 的厚度，用喜歡的壓模壓出型
　狀，撒上核桃碎（圖 4），放入烤盤，左右間隔 2cm
　（圖 5）。

8. 放入烤箱上火 180℃ / 下火 180℃，烤約 12 ～ 15 分鐘。

9. 出爐後放涼，即可包裝。

※ 可加入巧克力豆增加口感。

1

2

3

4

5

薄荷巧克力藍莓
美式手工餅乾

約 **20** 片

每份熱量 ▶ 5 片餅乾大約 **150** 卡

低卡的營養與口感比市售的餅乾含糖量更低，營養價值更高

{材料}

❶ 無鹽奶油 ...120g

❷ 細砂糖 ...40g

❸ 海藻糖 ...40g

❹ 全蛋 ...50g

❺ 低筋麵粉 ...220g

❻ 營養蛋白混合薄荷巧克力
　口味 ...100g

❼ 鹽 ...2g

❽ 藍莓乾 ... 適量

{作法}

1. 烤箱以上火 190°C / 下火 190°C 預熱。

2. 低筋麵粉、鹽、營養蛋白混合薄荷巧克力口味過篩
　（圖 1）。

3. 無鹽奶油置室溫下軟化（圖 2）。

4. 軟化的無鹽奶油、細砂糖、海藻糖先以刮刀拌合，再以
　電動攪拌機高速攪拌至略為白（圖 3）。

5. 全蛋分次加入攪拌均勻。

6. 加入過篩的粉類（作法 2），用刮刀拌勻。

7. 將麵團桿成 0.5cm 的厚度，用喜歡的壓模壓出型狀，放
　上藍莓乾當裝飾（圖 4）。

8. 放入烤盤，左右間隔 2cm（圖 5）。

9. 放入烤箱上火 180°C / 下火 180°C，烤約 12 ～ 15 分鐘。

10. 出爐後放涼，即可包裝。

※ 可加入巧克力豆增加口感。

薄荷巧克力燕麥美式手工餅乾

約 **20** 片

每份熱量 ▶ 5 片餅乾大約 **150** 卡

低卡的營養與口感比市售的餅乾含糖量更低，營養價值更高

{材料}

❶ 無鹽奶油 ...120g

❷ 細砂糖 ...40g

❸ 海藻糖 ...40g

❹ 全蛋 ...50g

❺ 低筋麵粉 ...220g

❻ 營養蛋白混合薄荷巧克力
　口味 ...100g

❼ 鹽 ...2g

❽ 燕麥片 ... 適量

{作法}

1. 烤箱以上火 190°C / 下火 190°C 預熱。

2. 低筋麵粉、鹽、營養蛋白混合薄荷巧克力口味過篩
   （圖 1）。

3. 無鹽奶油置室溫下軟化（圖 2）。

4. 軟化的無鹽奶油、細砂糖、海藻糖先以刮刀拌合，再以
   電動攪拌機高速攪拌至略為白（圖 3）。

5. 全蛋分次加入攪拌均勻。

6. 加入過篩的粉類（作法 2），用刮刀拌勻。

7. 將麵團桿成 0.5cm 的厚度，用喜歡的壓模壓出型狀，撒
   上燕麥片當裝飾（圖 4）。

8. 放入烤盤，左右間隔 2cm（圖 5）。

9. 放入烤箱上火 180°C / 下火 180°C，烤約 12 ～ 15 分鐘。

10. 出爐後放涼，即可包裝。

※ 可加入巧克力豆增加口感。

薄荷巧克力芝麻
美式手工餅乾

約 **20** 片

每份熱量 ▸ 5 片餅乾大約 **150** 卡

低卡的營養與口感比市售的餅乾含糖量更低，營養價值更高

〔材料〕

❶ 無鹽奶油 ...120g

❷ 細砂糖 ...40g

❸ 海藻糖 ...40g

❹ 全蛋 ...50g

❺ 低筋麵粉 ...220g

❻ 營養蛋白混合薄荷巧克力口味 ...100g

❼ 鹽 ...2g

❽ 芝麻粉 ... 適量

〔作法〕

1. 烤箱以上火 190°C / 下火 190°C 預熱。

2. 低筋麵粉、鹽、營養蛋白混合薄荷巧克力口味過篩（圖 1 ）。

3. 無鹽奶油置室溫下軟化（圖 2 ）。

4. 軟化的無鹽奶油、細砂糖、海藻糖先以刮刀拌合，再以電動攪拌機高速攪拌至略為白（圖 3 ）。

5. 全蛋分次加入攪拌均勻。

6. 加入過篩的粉類（作法 2 ），用刮刀拌勻。

7. 將麵團桿成 0.5cm 的厚度，用喜歡的壓模壓出型狀，沾上芝麻粉（圖 4 ），放入烤盤，左右間隔 2cm（圖 5 ）。

8. 放入烤箱上火 180°C / 下火 180°C，烤約 12 ～ 15 分鐘。

9. 出爐後放涼，即可包裝。

※ 可加入巧克力豆增加口感。

薄荷巧克力草莓
美式手工餅乾

約 **20** 片

每份熱量 ▶ 5 片餅乾大約 **150** 卡

低卡的營養與口感比市售的餅乾含糖量更低，營養價值更高

{材料}

❶ 無鹽奶油 ...120g

❷ 細砂糖 ...40g

❸ 海藻糖 ...40g

❹ 全蛋 ...50g

❺ 低筋麵粉 ...220g

❻ 營養蛋白混合薄荷巧克力
　口味 ...100g

❼ 鹽 ...2g

❽ 草莓乾 ... 適量

{作法}

1. 烤箱以上火 190°C / 下火 190°C 預熱。

2. 低筋麵粉、鹽、營養蛋白混合薄荷巧克力口味過篩
　（圖 1）。

3. 無鹽奶油置室溫下軟化（圖 2）。

4. 軟化的無鹽奶油、細砂糖、海藻糖先以刮刀拌合，再以
　電動攪拌機高速攪拌至略為白（圖 3）。

5. 全蛋分次加入攪拌均勻。

6. 加入過篩的粉類（作法 2），用刮刀拌勻。

7. 將麵團桿成 0.5cm 的厚度，用喜歡的壓模壓出型狀，放
　上草莓乾當裝飾。

8. 放入烤盤，左右間隔 2cm（圖 4）。

9. 放入烤箱上火 180°C / 下火 180°C，烤約 12 ～ 15 分鐘。

10. 出爐後放涼，即可包裝。

※ 可加入巧克力豆增加口感。

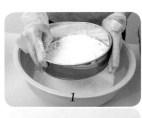
1

2

3

4

奶昔

夏威夷香草奶昔

玉冰晶奶昔

清涼爽口奶昔

夏威夷香草奶昔

約 **1** 人份

每份熱量 ▸▸ 1 人份奶昔大約 **165** 卡

低卡的營養與口感比市售的奶昔含糖量更低，營養價值更高

❶ 黑豆 ...20g

❷ 南瓜 ...20g

❸ 小蕃茄 ...3g

❹ 紅蘿蔔 ...2g

❺ 蘇打餅 ...2g

❻ 香草奶昔 ...2T

❼ 水 ...250cc

〔作法〕

1. 黑豆洗淨，泡 3 小時蒸熟；南瓜連皮蒸熟。

2. 將材料 1、2、3、4、5 放入果汁機，先加水 150cc 打 30 秒，再加入 100cc 水及香草奶昔打均勻即可。

※ 備註：

1. 打完奶昔 15 分鐘內喝完，避免營養素流失。

2. 限冷水、冰水或 40℃以下溫水，以免破壞營養素。

奶昔

173

夏威夷香草奶昔

玉冰晶奶昔

約 **1** 人份

{材料}

❶ 五穀綠豆 ...20g

❷ 鳳梨 ...2g

❸ 蘋果 ...5g

❹ 桑葚 ...3g

❺ 巧餅奶昔 ...2T

❻ 水 ...250cc

每份熱量 ▶▶ 1 人份奶昔大約 **180** 卡

低卡的營養與口感比市售的奶昔含糖量更低，營養價值更高

{作法}

1. 五穀綠豆洗淨，泡 1 小時蒸熟。

2. 將材料 1、2、3、4 放入果汁機，加水 150cc 打 30 秒，再加入 100cc 水及巧餅奶昔打均勻即可。

※ 備註：

1. 打完奶昔 15 分鐘內喝完，避免營養素流失。

2. 限冷水、冰水或 40℃以下溫水，以免破壞營養素。

清涼爽口奶昔

約 **1** 人份

{材料}

❶ 香蕉 ...3cm

❷ 西瓜 ...15g

❸ 薄荷巧克力奶昔 ...2T

❹ 水 ...250cc

每份熱量 ▸▸ 1 人份奶昔大約 **134** 卡

低卡的營養與口感比市售的奶昔含糖量更低，營養價值更高

{作法}

1. 先在果汁機內放 250cc 冷水或溫水。

2. 加入兩大匙薄荷巧克力奶昔。

3. 再加入香蕉及西瓜。

4. 蓋緊蓋子後啟動果汁機，打 90 秒即可完成。

※ 備註：

1. 打完奶昔 15 分鐘內喝完，避免營養素流失。

2. 限冷水、冰水或 40℃以下溫水，以免破壞營養素。

Baking 03

減醣高蛋白
手工烘焙點心

國家圖書館出版品預行編目 (CIP) 資料

減醣高蛋白手工烘焙點心 / 黃淑馨，劉郁玟著.
-- 一版 .-- 新北市：優品文化事業有限公司，
2021.03 176 面；19x26 公分 . -- (Baking；3)

ISBN 978-986-06127-6-9(平裝)

1. 點心食譜

427.16   110000974

上優好書網

LINE
官方帳號

Facebook
粉絲專頁

YouTube
頻道

作　　者　黃淑馨、劉郁玟

總 編 輯　薛永年

美術總監　馬慧琪

文字編輯　吳奕萱

攝　　影　王永泰

出 版 者　優品文化事業有限公司

　　　　　電話：(02) 8521-2523

　　　　　傳真：(02) 8521-6206

　　　　　Email：8521service@gmail.com

　　　　　(如有任何疑問請聯絡此信箱洽詢)

業務副總　林啟瑞 0988-558-575

總 經 銷　大和書報圖書股份有限公司

　　　　　地址：新北市新莊區五工五路 2 號

　　　　　電話：(02) 8990-2588

　　　　　傳真：(02) 2299-7900

網路書店　www.books.com.tw 博客來網路書店

出版日期　2021 年 3 月

版　　次　一版一刷

定　　價　350 元